【俄】奥尔加·普里马琴科 著 Ольга Примаченко

吕婧玮 王茹珍 译

愿你被自己温柔相待

中央编译出版社
CCTP Central Compilation & Translation Press

图书在版编目（CIP）数据

愿你被自己温柔相待 /（俄罗斯）奥尔加·普里马琴科著；吕婧玮，王茹珍译 . -- 北京：中央编译出版社，2024.4

ISBN 978-7-5117-4715-0

Ⅰ.①愿… Ⅱ.①奥… ②吕… ③王… Ⅲ.①女性 - 人生哲学 - 通俗读物 Ⅳ.① B821-49

中国国家版本馆 CIP 数据核字（2024）第 064201 号

©Olga Primachenko, 2020
First published by Eksmo Publishing House in 2020. The simplified Chinese translation rights arranged through Rightol Media （本书中文简体版权经由锐拓传媒取得 Email：copyright@rightol.com）

北京市版权局著作权合同登记号：图字 01-2024-2261

愿你被自己温柔相待

责任编辑	彭永强 李媛媛	
责任印制	李 颖	
出版发行	中央编译出版社	
网　　址	www.cctpcm.com	
地　　址	北京市海淀区北四环西路 69 号（100080）	
电　　话	（010）55627391（总编室）　（010）55627308（编辑室）	
	（010）55627320（发行）　　（010）55627377（网站）	
经　　销	全国新华书店	
印　　刷	北京文昌阁彩色印刷有限责任公司	
开　　本	880 毫米 ×1230 毫米　1/32	
字　　数	132 千字	
印　　张	8.25	
版　　次	2024 年 4 月第 1 版	
印　　次	2024 年 4 月第 1 次印刷	
定　　价	59.00 元	

新浪微博：@中央编译出版社　　微　　信：中央编译出版社（ID：cctphome）
淘宝店铺：中央编译出版社直销店（http://shop108367160.taobao.com）
　　　　　（010）55627331

本社常年法律顾问：北京市吴栾赵阎律师事务所律师　闫 军 梁 勤
凡有印装质量问题，本社负责调换。电话：（010）55627320

我将此书献给所有选择自己

——即使在许多年以后，仍然坚持自己的选择的人，

献给学会和自己保持一致，相信自己的感觉，深呼吸，并以自己内心的节奏行事的人。

这很重要，也很美丽。

Olga Primachenko

奥尔加·普里马琴科

目 录

第一章　楔子 / 003

第二章　感受 / 011

    没有丑陋的感觉，也没有错误的感觉　　013

    安静的情绪　　018

    跑，深呼吸，说话，再来一次　　020

    温柔指南　　026

第三章　优先事项 / 029

    重要的事情优先　　031

    别的东西现在对我更重要　　035

    排列优先次序的困难　　036

    温柔指南　　043

第四章　成熟 / 047

    成熟是什么样？　　049

    成熟力　　057

    用温柔和爱看待自己　　060

    温柔指南　　064

第五章　金钱 / 069

最好的钱是你自己的钱　　　　　　　　069

"我值多少钱?"　　　　　　　　　　　073

"我没有进取心"　　　　　　　　　　077

免费工作　　　　　　　　　　　　　　078

"我不能把钱花在自己身上"　　　　　081

"我不喜欢别人为我买单"　　　　　　084

温柔指南　　　　　　　　　　　　　　086

第六章　相信自己 / 089

"我一切都好,谢谢"　　　　　　　　090

关于批评　　　　　　　　　　　　　　095

关于舒适区　　　　　　　　　　　　　100

照顾自己的假期　　　　　　　　　　　104

不勉强努力　　　　　　　　　　　　　108

我不喜欢也不想,这很重要　　　　　　112

温柔指南　　　　　　　　　　　　　　114

第七章　身体 / 119

关于接受自己　　　　　　　　　　　　119

照顾身体的简单方法　　　　　　　　　123

不要忘记取悦自己的身体　　　　　　　129

	温柔指南	132
第八章	空间 / 135	
	越少越好	139
	我的家,我的规矩	142
	如何让空间充满温暖和温柔	144
	信息空间的整洁	146
	温柔指南	149
第九章	交流 / 153	
	话语能出色地解决问题	155
	不请自来的建议	161
	请求帮助并不可耻	164
	温柔指南	167
第十章	人 / 171	
	自己的圈子	173
	有人是明镜	177
	不让别人攻击自己人	180
	当友谊结束	184
	温柔指南	188

31天温柔"马拉松" / 189

温馨提示 / 254

……秋日认知：最大的勇气像玻璃一样透明，一切脆弱、失重、别人蛮横的掌印……最大的慷慨——是给予内在的温暖，而真正的成熟——是会信任，会记忆，会害怕；

　　在我们这些地方，秋天就应该回来，离开的时间已经过了……

——克谢尼娅·捷卢多娃

第一章 楔子

八年前,我的生活彻底改变了。

不到一个月的时间,我先是离婚,搬回娘家住,又换了工作。婚变让我感到痛苦,搬回娘家住又让我极为羞愧,而新工作则成了巨大的挑战:我需要跳出原本的舒适圈了。

我还算幸运,在一大群竞争者中胜出,进入一家编辑部工作。这个编辑部是在白俄罗斯最大的网络平台——TUT.BY 上白手起家的,专做针对女性的项目。接下来的两年半,我像凯莉·布雷萧那样,成了一名报纸专栏作家:写些关于人际关系的文章,文笔饱含戏谑、讽刺和对男人了如指掌的自信。但过了一阵,当我遇到我的现任丈夫,我才发现我对男人竟一无所知,我之前只是在徒然发泄。

因为关于活生生的人,是没有固定知识的——过去的每一年都改变着这个世界的样子。那些曾经被认为是寻常的东西,变得不再寻常,而被认为是惊人的东西,却变得习以为常了。

过去的经验和教训不再是博物馆里的珍品,也不再是战斗荣耀厅的展品:曾经它们保护我们免受痛苦,现在却成了我们前进的绊子。

离婚三年后（甚至在同一天），我再婚了。又过了段时间，我们夫妇买了房子，还带了个别致的花园。我们从明斯克搬到了郊区，听花开花落，看草木荣生。

我们也已为人父母。

我依旧在写爱情和人际关系，但越来越多的时候，我发现我手上的话题像丝线一样萦来绕去，又像是扣子、更像是细沙散落在地——请求我不要去打扰它们。我意识到我不想再写爱情了，其他的事情貌似更重要、更迫切，也需要更多的关注和力量。而爱情——什么又是爱情呢……"如果有什么变化，我再跟你们说"。

我已经厌倦了为爱情去"忧心"，理清人际关系，就像是纠正听写错误一样。我早就不再喜欢担忧未发生的事情（就像"当我不再年轻、美丽的时候，你还会爱我吗？"那样唱的[①]），也不喜欢提那些得不到确切答案的问题了。

我意识到：唯一永远不会抛弃我、也不需我费力讨好的人，就是我自己。我不需疑虑自己的欲望，也无须向自己证明自己很痛苦的这一事实：对我来说，一切都正如我亲身感受的那样。

[①] 《Young And Beautiful》，Lana Del Rey 演唱，Elizabeth Grant（Lana Del Rey）和 Rick Nowell 作词作曲。

我可以相信自己。

我也可以依靠自己。

没有人会用我们所希望的方式爱我们,他们只会以他们擅用的方式去爱我们。但是依赖他人、仰赖他们不断变化的情绪并不会让我们幸福——它只是让我们感觉舒服。一旦我们习惯了顺从与内耗,习惯了压抑内心的激动,习惯了把不满变为沉默,那么负面情绪的爆发不可避免,只是时间早晚问题。

考虑他人,思虑他人的感受,预测他人的反应是非常累人的。为他人而活,而不在意自己生活的美好,这样毫无意义。

当你置身于"你的快乐取决于你在别人的脑海里到底有多完美"的世界,既无聊的、也无情,而结束一段没有任何意义的关系和工作都再正常不过,反正你也不能再给他们任何东西了。并不是说和其他人在一起,或者是在别的地方会更有意思,只是在"当前环境"下的确索然无趣。

当有人问"你为嘻哈做了什么①?"这样的问题时,你感到压抑很正常。你要想清楚谁问的这个问题、他为什么这样问、他与嘻哈有什么联系,你就会明白这都正常。

在这个为自己感到高兴的世界中,我不再指望别人照顾我,

---

① 出自 Децл 的歌曲——《你是谁?》

而是要靠自己去获得快乐。我挽着我的衣袖,把我带到想去感受、能去感受的地方——去感受"自己人"的可靠性,去品味格鲁吉亚的热饺子,或是享受理发后头上的轻松感。

在这个为自己感到高兴的世界里,我可以对自己说:"这些事我晚点再做,这些事我过几个月再做,这些事我永远不会做。"因为对有些事情来说,"永远不"——就是最好的时间。

是的,有时候似乎已经习惯了做士兵"简"这样的人,谈论温柔待己好似是一种幻想,是一个不能讲给别人、且别人也没时间听的睡前故事。但我还是冒昧地提出了这个问题,因为在博客的这些年里,我收到不少私信,谈到了生命的极限,有人说一天只睡三个小时,有人说工作到极限、工作到心梗等——反正没一个结局是好的。难怪网上到处都是这样的画风:"没有能完得成的任务,但常有30岁心脏病发作"。

希望和这本书一起度过的时光成为你"倾听自己""做自己"的机会。倾听自己,明晰你们可以接受被怎样对待,不能被怎样对待,能忍受什么,不能容忍什么,什么让你们高兴,什么让你们兴奋,什么让你们惊喜,什么让你们生气。倾听自己,不让任何人打断或贬斥你们所倾听到的。

对自己温柔不是意志决定的结果,也不是某一天给自己的许诺，对自己温柔一直是条路径，它没有通往地图上的某个地点，也没有通往最好的自己，但对自己温柔可以让你拒绝去做个监督者、做个批评者，可以让你始终相信你是正常的。对自己温柔是愿意探索"我不能""我不想""我不会"那种好奇心，是不随波逐流，是去自己想去的地方。

你不是无限的，你真的不是无限的。

就让我来告诉你我所知道的对自己温柔的一切方法，你可以自己决定为什么要来读这本书。

我要讲些什么呢？讲讲我们每个人感受任何事情的权利——不要为此感到羞耻。讲讲关于优先事项的排列，以及面对别人试图告诉我们如何生活时该如何处理。

讲讲关于成熟，以使成年人不再害怕它。讲讲关于金钱，以及如何给自己花钱而却并不感到内疚。

我们还将探索如何温柔地对待身体这一话题——如何停止同身体为敌，并尊重它的经历。我们过去都在关注周遭的物质——我们所听到的、无法估量的空间其实也是一种助力。

当然，我们会有很多话要说，比如，对自己温柔的同时，要掌握的原则有：坚持自己的思维方式、不与任何人玩"猜谜游戏"或"换位思考"，取己所需要，捍卫重要的事情，说"不"，在互不伤害的情况下接近和疏远，记住来龙去脉。

我会为你们讲述"自己人"的价值和可为明镜的人。

我将同你们分享在一片信息混乱中维持秩序的原则，其核心就是呵护心灵的痛处，"切换到无声模式"和"取消订阅更新"功能的神奇效果。

在书的结尾会有一场温柔待己的马拉松练习，31天的任务和练习将帮助你们更好地了解自己。

我不会去假设一个理想模型——我只会讲我自己尝试过和经历过的事情。当然，我的经验不具备指示性，也不用被视为行动指南。聆听自己，注意引起你认知喜悦的地方——"啊，我也这样！"但你们要自己寻找关于你自己的真相。相信我，你不会错失真相，因为越靠近真相，真相就越显而易见。

思想就像是种子，如果你的所读有所触动，那说明谷物已经落在土壤上，很快就会扎根、发芽。如果有东西长出，那就可以开始庆祝，并拥抱自己；如果长出来的幼苗你不喜欢，也不用把它当回事儿。你记住，就算失败了，也并非徒劳无功。

我写这本书是希望你们随便翻开一页，都能松弛肩颈、放松呼吸和头脑，就像温暖的波浪拂过身体那样温柔地对待自己。

用脆弱的天真折成小船,在狭窄的手掌中你带给它一点温柔;
它笑着,轻轻地从下往上拍打你的手心;
当然,这不疼,也不会伤害你,
然而柔情——却已幻灭。

——克谢妮娅·捷卢多娃

第二章　感受

我高中的劳工老师是路易莎·海①的铁粉,他并没有解释如何让自己变美,而是让我们挨个走进试衣间,坐在镜子前说一百遍"我爱自己"。

我们那会儿才 13 岁,对爱情一无所知,对自己也不太了解,我们认为只要我们"爱自己",就可以变瘦,可以祛除痤疮,可以让胸部发育,这样的结论毫无意义,也很奇怪。

过了几年我们了解爱情了。把爱情这个词从文学的陈词滥调中除去,我们才明白什么是失去,什么是孤独,什么是先行离开。这就好像空间开始坍缩,挤压你的身躯,而你从中心开始麻木:虽然有你我很高兴,可惜我谁都不需要。

又过了几年,我开始了解自己的爱,学会接受自己的感受,会给可怕的东西命名,当我害怕的时候说出"我害怕",而不是蜷在桌底。

---

① Луиза Хей(路易莎·海),1926—2017,美国作家,自助运动的创始人之一,她创作的基本理念是情感问题和疾病的根源在于对自己的"错误"信念,通过用肯定性的断言(肯定语句)来改变这些信念,从而获得健康和幸福。

年龄真的让事情变得简单。

更确切地说,这是我们在成长过程中汲取的经验。

当我们为人父母的时候,我们更了解父母,也更关心家庭了。当我们需要金钱的时候,我们就去努力工作。

我们知道,用孩子的眼光和用成人的眼光看世界——看到的是两个宇宙。与其沉湎于过去的怨恨,把自己当成受害者,不如对自己好一点,不为那些没发生的事情忧心悲痛,也不要去找寻原因。记忆可以撒谎和欺骗,你可以对那些从未想过要伤害你的人深恶痛绝,因为"他们给了他们能给的一切,但他们不能给的,他们也没给[①]"。

在我看来,一个人成长过程中复杂却又至关重要的一步就是——"长话短说",就比如你要说:"我认为……,因为……",那就直接说"我这样认为……",并试着找到尽可能多的方法来支撑自己。

[①] 出自于 Михайлова Е.《我是自己的唯一,或者有瓦西里萨的纺锤》。

没有丑陋的感觉,也没有错误的感觉

温柔地对待自己从感受自己所感受的开始,不去在乎别人是怎么想的,也不用将感觉区分出好坏。

就像伊丽莎白·吉尔伯特在她的社交媒体上写的那样:"如果我们感到快乐,那么快乐对我们来说就是真实的,伤心、爱慕某人也是如此"。非要说自己的感受与别人不同,那是不可能的,我们要活得更加真实,这是获得完整性最好的方法。对我们来说,选择少数,我们更容易选错。

如果你感到悲伤,那这个时刻你没有理由否认。

你有理由有这种感觉:有些事情会让你心烦意乱,比如失去些什么东西(钱、关系、物品、灵感、周末计划、一生挚爱),你需要时间来处理损失、走出悲伤,或是调整自己。

悲伤不是穿着丧服,待在房间里整日啼哭。悲伤意味着承认失去,但无法预测需要多长时间,但如果我非不让自己难过,那我一定会更难过。

这种情况下,温柔地对待自己就是要接受这个事实——那就是必须要悲伤上那么一段时间，什么时候不悲伤了，那就到此为止。这很正常，这不会击垮你，也不会让情况变得更糟。

同时，尽量不要让自己陷入"担心"的陷阱——也就是那种我们感到"不对劲"，但一切又都正常，我们却还不安的时候。进入这个陷阱，我们就失去了活力，有的只是嫉妒、幸灾乐祸、怨恨，或者是单纯的不开心。

我们发现自己无法永远做一个"光明的人"，不能积极思考时，我们会感到沮丧。我们不得不承认，有些事情总会触动我们的神经，受自身状况和能力的影响，我们会做出那些我们本不需要，也不想做出的反应。

这就是现实。所以，一旦发现自己对"合适"的感觉感到焦虑时，吸气、呼气、小心翼翼地把自己拉回来。不打紧，你的感觉也是正确的，不需要为此羞愧或试图再去感受。

若是有一天，会憎恨所爱的人，这并不可怕，可怕的是对自己所爱以外的任何东西都感到厌恶。

感受总是有关"当下"，而不是关乎你的性格。即便你生气，这也不意味着你是什么样的人，但这说明很多正在发生的事情可能会侵犯你的底线，或者你所珍爱的东西已失去意义，又或是已经很久没有休息，身体已经进入了战斗状态，所以才会杯弓蛇影。

恐惧也是如此，害怕并不代表你是懦夫，只是感觉战胜了思维，所以你感到危险的速度超过了你能告诉自己的速度。关于这点有一句不错的话：你觉得不对劲儿的，多半都不对劲儿。

如果你饿了，累了——看到孩子们弄得一团糟的时候，还让自己佛系的冷静真的没有意义。愤怒不代表你就是坏脾气——仅仅代表当下的状态。

每当我们给别人灌输那些让他们无法实现的希望时，就会产生期望冲突。婴儿不知道妈妈想睡觉，丈夫不懂读心术，也不知道妻子为何沉默。不要从一个习惯于批评的朋友那里期望得到同情和支持。他们做他们所做的，但并不是"作恶"，因为他们也不会做其他的什么。他们的做法并没有什么不对，只是和我们的期望没能对等罢了。

事情发展的另一个面就是——有人会指出你应该怎样感受，或者有人会讨论你的反应："你都被炒了，你怎么还高兴呢？你应该像个正常人一样感到恐慌啊！"

依稀记得我从第一段婚姻走出来的时候并没有悲伤，有的只是愤怒。如果不是我们"单纯"性格不合，或者爱情历久消退的话，我也未必会有这种感受。我愤怒是因为长久以来，我所投入时间、精力、金钱和过往种种所建立起来的一切被摧毁时，我却是那么的无能为力。

但我强烈反对，因为害怕这种感觉的"不相容"，所以拒绝感受任何东西，虽然它们不受欢迎，且对一些人来说是"丑陋的"。（"我爱你"——"谢谢"——"那不完全是我想要的答案"——"非常感谢？"①）

当你说："我很痛苦"，别人却和你说："不，你哪有……你不痛苦，你不害怕，你挺好的啊，你没有疲惫……这时你会幻想你就是个士兵，要振作，要振作……然后你就打算振作……一次，两次，三次，四次，五次，十次，二十次。然后你就真的能感觉到你变得强壮，你的皮肤变得更粗糙，你的盔甲也变得更厚。而曾经温暖的地方是一片冰冷的空虚。

然后有一天，你会发现自己也会告诉别人：你不痛苦，你不害怕，不信你就试试，小小地试一下，没必要缺乏信心。而带着痛苦来和你求助的那人仍独自悲伤痛苦。

---

① 出自 1997 年，Tom Shadyac 导演，Jim Carrey 主演的电影《Liar, Liar》。

我非常不喜欢的就是有人问你"怎么了",而你说完,他们又说"这有什么好痛苦的!"首先,任何人都有权以自己想要的方式处理发生的事情,因为他更清楚什么会减轻他的痛苦;其次,这样的话是在质疑他对事件做出正确反应的能力,好像他不是一个成年人,而是一个缺乏客观评价经验的孩子;再一个,没有人能对任何人说"放轻松",除非他们感同身受。任何经历过失去的人都知道发生了什么,经历了什么,人们就不会因为娱乐而悲伤。

正如梅洛迪·贝蒂在她的畅销书《拯救还是被救》中写道的那样:"不要放弃自己,也不要放弃自己的需求、自己的欲望、自己的感受,更不要放弃自己的生活和所拥有的一切。下决心要一直照顾好自己,并坚持下去,我们可以相信自己,我们能够处理和适应生活中遇到的任何事情、问题和感受,我们可以相信自己的感受和判断,可以处理自己的问题,也可以学会处理我们尚未解决的问题,我们必须相信我们要学会依赖的人——就是我们自己"①。

---

① 出自于 Битти М.《拯救还是自救》的第 168 页。

安静的情绪

有时候,情绪不稳定不是疲惫或有意识压抑情绪的证明,而是精神结构的特征。不要为麻木或冷漠而自责,也不要试图让自己更清楚地体验现实;情绪的"质量"并不取决于情绪的表现程度,也不取决于欢欣跳跃的高度或眼泪的数量。

爱得昏天暗地正常,不爱也正常。

温柔地对待自己是学会欣赏自己所拥有的东西,而不是嫉妒别人的东西。

我们每个人都好比是个工具箱,有人有放大镜,可以更好地看清细节;有人有斧头,可以斩去多余的东西;还有人有尺子,能够测量一切;还有人有涂料凝结剂等。所以没有情绪放大器是正常的,这就是你的与众不同的地方,而不是缺陷。

对我们大多数人来说,让自己感觉"消极",什么都不做,不去修复自己,或者是腼腆地掩饰自己,才是不必要的。有时候,与其说我们害怕感受,不如说我们害怕感受随之可能发生的事情——害怕那些激烈、鲁莽的行为或者刻薄的话语。这会产生一系列后果：会让关系变得糟糕、会争吵不休，抑或是让一个原本彬彬有礼、沉着冷静的人声名狼藉。

害怕扰动深渊中的恶魔如同在一段稳定的夫妻关系中，对某个外人产生生理兴趣。有了这样的外人就等同于背叛伴侣，也证明了这段夫妻关系是有问题的，但又好像不是这样。我们越是压制那种自发产生出来的对于某人的兴趣，那么长期受压抑的情绪更可能爆发，从而真的背叛伴侣，最终导致伴侣之分道扬镳。

介于生理兴趣和背叛之间有很多折中的解决方案和具体行动。兴奋是正常的，但这时请把你的兴奋带回家。

无法控制内心的感受，不能强迫自己放弃爱，也不能停止为背叛而饱受折磨，但好消息是：

我们总是有能力去处理任何感受。

没有哪种情绪会击垮我们，否则人的本能不会预料不到它们。

就像安妮·拉莫特说的："只坐在原地，安静地微笑是无法找到真相的。悲伤、损失、愤怒是通往真相道路上的一步。穿过自己的秘密空间和恐惧，穿过我们被告知要远离的那些迷宫和荒地，我们终将通往真相。当我们到达那里的时候，环顾四周，深呼吸，接受我们所看到的——我们开始表明态度，这个瞬间就是真相"①。

跑，深呼吸，说话，再来一次

当有强烈的感受瞬间，最难的事情就是不要忘记呼吸。感觉肾上腺素在身体里流动，那就深呼吸，有意识地别让自己麻木，别偏离眼前发生的事情。根据我的经验，肌肉最是能记住麻木的状态，一旦身体麻木，需要几个小时的放松练习来缓解，以免整个身体硬得像个柱子。（从这个角度我很欣赏生活在永久冻土地区的极北小鲵，这种爬行缓慢的小蝾螈可以在岩石裂缝里冷冻几十年，但一旦见到阳光，就又会快乐地爬起来，我甚至有点嫉妒它们）。

情绪"冻结"的损害可以同倒春寒对幼苗造成的伤害相提并论。植物细胞中的水变成了冰，细胞结构被破坏，昨天还是幼苗，今天就变成了一摊绿水。冻结我们内心的怨恨、恐惧和痛苦，我们也会和植物一样，只会受到二次伤害。

---

① 出自 Ламотт Э. 的《逐鹿飞鸟：关于写作和生活的笔记》。

艾米丽和阿米莉娅①的《燃烬》一书讲述了我们身体感知危险所面临的压力—反应。森林里遇到狼，被卷入湍流，陌生人在地铁里的怪异行为，路上被蛮横的司机拦路——这些都会被身体当作是威胁，肾上腺素立马上升来帮助我们生存。

我觉得，为了更健康、更快乐，我们必须用积极的行动结束"压力—反应"这个循环，而不是让它在心里结束。所以自欺欺人的策略是"害怕，遗忘，再继续前进"，这是一种有害的策略。如果你手脚颤抖，心怦怦直跳，耳朵嗡嗡作响，肠胃如绞，血压上升，像在隧道里一样眼睛只能看到眼前，那么用"行了，朋友，现在一切都好，放轻松"这话安慰身体是行不通的。当内心充满愤怒，你却坐在那里微笑，或者当有人对你大喊大叫，你却害怕你说的话会让冲突更加激烈，这样你的身体会承受巨大的压力，仿佛电梯缆绳要断裂一样。

阿米莉娅认为，结束压力—反应最有效的方法就是运动。这是"向你的身体发出信号，让你在威胁中幸存下来，让你的身体再次安全"②。

早在知道这个之前，我们都凭直觉通过运动去减轻压力，缓

---

① 出自 Нагоски А., Нагоски Э. 的《燃烬：摆脱压力的新方式》。
② 出自 Нагоски А., Нагоски Э. 的《燃烬：摆脱压力的新方式》。

解焦虑。

我清楚地记得五月的一个假期，当时我面临一场可怕的身份危机：我根本不像我，而且那个"我"在阳光下融化，变成了一团丑陋的、不成形的东西。身处我那个位置，和哪些人一起，我究竟要去哪，一切都变得那么复杂，一堆问题，却都没有答案。

当大家都在城外吃烧烤的时候，我却身处空荡的房间，在阳台上抽着烟，穿着睡衣，写下："我整个周末都在工作，我又不想工作，但也不愿让自己停下来。作为总编，我的职业生涯即将结束。离婚一年半了，我感到压力、感到孤独和疲倦，被困惑裹挟，陷入了黑暗的沼泽"。

苹果花、栗子花和野樱桃花在窗外绽放，我哐哐地敲着键盘，一次吃五六支冰淇淋来填补内心的空虚。我疯狂变胖，胖得我都不愿看自己。我不停地吃东西，就是让自己更生气，让自己更糟糕，糟糕到极限，千方百计，再置之死地而后生，但我已经重生成了某个人——一个被某人所需要的人。

深夜，当我已经睡下，我前夫给我发了一条短信，说他的新女友是那么的美好，他现在很幸福，他也很爱她，他简直无法形容这种感觉。我的心咯噔两下，眼泪流出来，顺着我的面颊淌进了我的耳朵。

我的自我毁灭、自我厌恶也已经到了极限。——在这样一个五月的夜晚,伴着喧闹,伴着美酒,伴着流星,我跌入了我的人生谷底。

第二天早上四点半我就醒了,拿起纸,我开始写下对自己的疯狂"宣言",我不再羞于表达,用一手漂亮字写了一切我思考自己、思考人生、思考未来的东西:"没有人会为你解决问题,也没有人会来拯救你,即便你已经受够了痛苦,也没有人对你丰富多彩的抑郁感兴趣,也没有人应该感兴趣,所以擦干鼻涕,穿上运动鞋去跑步,跑到精疲力竭,爬回家"。

我从床上爬起来,穿上运动鞋,摸了摸还在发呆的猫,就去跑步了。虫子落在柏油路上,黎明的天空是如此清澈明亮,阳光刺痛了我的眼睛。

跑步能促进全身血液循环,也能驱赶坏念头,有时我跑着跑着,就没力气哭了。一年中,我有8个月都是穿着我那个放在柜子里十多年的旧粉色运动裤,听着音乐,每天沿着公路慢跑。

有时,即便是再闷热的夜晚,我也会强迫自己去跑步,以免一个人陷入"黑暗廉价的绝望"之中,就算鼻涕一把泪一把,我也要继续前行。

几公里过后,眼泪干了,不再流了,痛苦也随之消失了。再跑几公里，不再留有任何幻想——我就只想回家，躺在地上，听汗水穿过毛孔，浸透地毯，穿过地板，渗到地下，同地下水混合，就好像它们要带我去很远的地方，那里一切都那么明朗，就像红鸡蛋的蛋壳一样。

黎明前的夜晚总是黑暗的，运动真的可以帮助我们缓解压力。

"你知道什么是行不通的吗？"坐下来告诉自己一切都结束了。结束一个周期不是一种精神上的决定，而是一种生理上的转变。你不是在命令你的心跳，而是在命令肠胃消化食物。压力不受你意志支配，只需要给你的身体所需要的东西，让它做它应该做的事，身体需要多长时间就给它多长时间①。

你还能做些什么来帮助自己应对情绪的波动呢？不妨试试以下这些。

吹肥皂泡泡，最好是大泡泡。这可以让我们集中精力吸气，再通过缓慢的呼气来放松。

晃动身体，防止身体战栗。当我因压力感到肌肉硬得像石头时，我试着晃动身体来放松它们。我打开音乐，闭上眼睛，找准节奏，假装自己是一个老太太，在满月的篝火旁跳舞，但不在乎

---

① 出自 Нагоски А., Нагоски Э. 的《燃烬：摆脱压力的新方式》。

舞姿是否拙劣。我远不是个深奥的人，和沉思也不搭边，我从没想过冥想、按摩、锻炼会让那个在厨房穿着围裙晃悠的我恢复的如此之快。

给可怕的东西命名（命名后驯服它）。试着尽可能准确地表达你的感受，它是什么样子的，它是如何在你的身体里显现出来的。你越能感触到这种感觉，这种感觉就消失越快。想象一下：海浪打来，沙子掠过你的脚面，你不也仍然站在岸边好好的，没有受伤。

如果害怕就蹲下来。感受到压力后，用所有能想到的身体锻炼来结束压力反应。经过艰苦的谈判后，把自己关在厕所里跳20个蛙跳的想法听起来很疯狂，但身体会再次记住，做你自己——是要安全，而不是把经历过的紧张情绪留在身体里。

温柔指南

1. 你有权感受，无论感受什么，也无论什么时间感受，也随便感受多久。不存在错误的、丑陋的、不恰当的感受，所有的感受都是你的真实感受。

2. 只有你能决定自己的感受，决定以什么强度、什么方式去处理你的感受（只要不伤害到别人）。没人能建议你"收紧还是放松"，除非他赞成你的决定。

3. 多问问自己"我喜欢吗"，总好过"别人会怎么想我呢？"

4. 当饿了、累了的时候，不要让自己变得虚弱，去一个安静的地方，喝茶、吃点心。

5. 不要对自己的感受太苛刻：真诚无关音量，大恩也不言谢，只要能发光发热就足够好了。

6. 你总有权说："请不要对我大喊大叫！"如果有人想让你有愧疚感，别搭理他，就像在地铁上拒绝发传单的一样："谢谢，我不需要。"

……不因问题停下说话,也不要看着答案说话;

确定优先事项,培养偏好这个苦差事;

要明白:当你大声说出真相时,你所谓的真相就不再是真相了。

——克谢妮娅·捷卢多娃

第三章　优先事项

每次说"是"的时候，我都要提前知道我要为说"不"付出多少代价，尤其是对自己说"不"要付出什么代价。

优先事项的排列不是边界的划分。优先事项决定优先次序，而边界决定可允许的限度。确定优先事项是了解要优先考虑什么，把时间和精力优先花在什么上。

目标没有层次就很容易分散，就像墨迹一样，到处都是。

把自己的精力浪费在空虚的事物上，却不能从中得到快乐。当不知道自己想要什么、总是想睡觉，却总是早晨5点就醒来、盯着天花板发呆的时候，你就进入到了一种迷失的状态。你希望赶紧"来个人拯救你们所有人"，但他们来了就走，都没有脱下鞋子，没有时间喝茶，也没有时间打扫房间。

目标没有层次的时候，精力不会分配给重要的事物，而是会分配给第一个接触到的事物。不是你做不了，而是来不及做，这是个大问题，所以这就是为什么区分优先事项如此重要：

把放松的时间放进工作计划,而不是等有了时间再去放松。这时你可以暂停思考、不去看时间、不考虑效率、也不去为"漫无目的"而感到内疚。我喜欢意大利人对于这个的叫法——dolce far niente(甜蜜的无所作为),在以色列这个被叫做——חיים עושים(字面意思:创造生活,享受生活);在英语国家——me time(享我时光)。

要保持快乐和发自内心大笑的能力,在困境中也可以保持乐观。

在危机时刻,要有照顾自己的能力,因为你已经有了安全的经济积累和亲朋好友的支持。

如果不告诉自己:"这对我来说很重要,那个对我不重要",那么可能会陷入困境,然后再去解决对你不重要的问题,如果你又没有注意到类似的问题,那么半年就过去了。

排列优先事项的同时,我们也是在尊重自身能力的局限性和无限性。

如果我们知道自己在做什么,我们就能更好地应对困难,因为动力源自于内心。在从弱小到强大的这一过程中,选择自由就是要承担一定的责任，付出一定的代价。

重要的事情优先

我列了一份可能的优先事项清单，有了它你更容易建立自己的优先事项。

关系优先（孩子、家庭、友谊、熟人）。比如：放下工作去见女朋友或者去参加婴儿派对；即便膝盖受伤也要帮助同事搬家；手写一张卡片，而不是买束写好"祝贺"字样的郁金香；或者你知道你的行为会让朋友心烦意乱时，那就努力不让这样的事情发生。

休息优先。当你累了，即便是要待客，即便是婆婆、妈妈要来，你也不必收拾屋子；再比如，不再多做项目、多见客户，只是多睡会儿觉，恢复下体力；或者是让丈夫、孩子戴着耳机看电视，因为你需要安静。

享受优先。你跑步或去健身房不是为了减肥，而是因为你喜欢锻炼；你点菜不必点低热量的菜，也不必做个乐活族，就只是点自己喜欢吃的；不再去买让你不舒服、自己打心眼儿里不喜欢的东西。

金钱优先。当你需要挣更多钱，即便要牺牲你的睡眠、周末，减少和家人、朋友见面，也要挣钱的时候，那就金钱优先；在两份工作之间做出选择时，你可以选择薪水更高的那份工作；或是在你不爱一个人，但他却能给你带来金钱保障时，你会忍受留在这个人身边。

工作/事业优先。超标工作，这样你就可以提前完成你的计划或项目；按照公司不成文的规定行事，从而推进你的事业；在单位加班，雇个保姆看孩子；即便夜里手机也不会关机，因为可能有"紧急情况"，或者不错过另一个时区合伙人打来的电话。

安全优先。在文件上签字之前仔细阅读，弄明白其中的所有风险；要有应急的资金储备；即便是朋友所托，也拒绝为别人的巨额贷款提供担保；在高速公路上行驶，即使没有摄像头，也不违章超速。

共同目标优先。和同事日夜工作，好让团队能按时完成项目；自愿和伴侣花一个人的工资生活，好攒下另一个人的钱买房；你们决定好谁去休假，谁来为这个家赚钱。

内心平静优先。比如，不想听到你活得多么不正常，就拒绝和七大姑、八大姨共进午餐；没偷税漏税，就不怕税务局的陌生来电；不欠任何人钱，也就不怕和谁见面。

确定什么是最重要的，什么是次要的，你就会内心坚定，脚下踏实：无论发生什么，总是可以依靠一套已经建立起来的优先体系最大限度地为自己着想，去适应新的挑战和变化，而不是有个风吹草动就不知所措。

在排列优先体系时，除了根据常识外，还能依据什么呢？当内心充满喜悦时，还可以依靠自己的感觉。不一定总靠感觉，但有时候是要靠感觉。

迫不及待想表达那些一切都已经规划好的东西的时候，会感觉到手指间儿都在发痒。

不爱、同情、兴奋也是靠感觉，这已经不是偶然，而是客观存在——是一种令人兴奋的、无法预料的、发人深省的客观存在。就好像所有华灯初上，节日开始的时候，你会有点激动，你知道，离你床头完全亮起来也只有几步之遥了。

诗歌、绘画、照片、文字、最好的对话——所有的这一切都源自于"热爱"，兴奋的时候就会迸出灵感。

如果一想到某件事，你就会感到心中有光，兴趣盎然和好奇心迸发，那就意味着要跟着你的感觉走。正如芭芭拉·舍尔所说:"我们内心有自己的味蕾"①。可以相信自己的感觉。

是的,攒钱买房的过程很无聊,但一想到会把房子装修得有多舒适,想到挂什么颜色的窗帘,书架上要放什么书,再也不用收拾行李搬出去的时候,你会很兴奋。当煮上茶,窝在椅子上看窗外第一场雪的时候,你终于有了家的感觉。

第二个可以帮助我们确定优先事项的是——目的明确。随着逐渐认识到生命的转瞬即逝,对意义的渴望尤为明显。你会突然意识到,如果看不到清晰可见的结果和实际效益,就不想开始一个项目了;不想再参加那些只是坐在一起看看图片和报表的会议了;不会写任何与你的价值观不相符的东西了,即使它们很值钱。

再多的钱也拯救不了意义的荒芜。

何处有意义,何处就有快乐,何处就更不容易倦怠、放弃,也更不容易走进死路。

我们没有太多的时间来选择走那些没意义的路,再花时间去假装兴高采烈。

---

① 出自 Шер Б. 的《无论如何:如何梦想成真》,第 99 页。

别的东西现在对我更重要

有这样一句话说的好:"这不是时间问题,这是优先事项问题"。因为它的意思很直接也很明确:"对不起,我没有时间给你"。这相当正常,用于交际的精力不是无穷尽的——当想要融入人群,而不是疏远人群,那些过剩的精力在一段时间内会滋养出友谊,所以需要双方一起努力。当然,除非你们的关系已经亲近到了可以为对方放弃一切的地步。

非常重要的就是:尊重自己的优先事项而不因此感到羞耻,不要因为不想给别人掰一块吃的就感到内疚。现在别的事对我更重要,比如我的健康、睡眠、事业、房子,再比如我也可以自己选择放什么音乐跳舞,和谁一起跳舞。

优先事项并不可耻——它们是由时间和环境决定的,当生活条件发生变化时,优先事项也会改变(有时候,生活之所以变得更好,就是因为它的优先顺序是正确的)。

专注于让你充实和快乐的事情是好的:以舒适的节奏工作,周末抱着猫看书,而不是一味地做PPT,当个合格的打工人。不做那些让你自身折损的事,也不想以这样的代价"变得更强大",这真的很正常。

所以下次你想说"对不起，没有时间"的时候，再大胆地说一句："因为现在，别的事对我更重要"。

或者大声地说出来。

排列优先次序的困难

如果长久地服务于别人的利益，却疏于关心自己，就可能会出现处理优先次序的困难。现在，似乎你不知道自己想要什么，因为你已经习惯回答问题，而不是提出问题，习惯了服从，而不是主动，习惯了随波逐流，而不是去往需要的地方。下面我就来讲一讲怎么帮助你摆脱这种状态，重新找回自我。

当生活似乎失去控制

如果你刚刚开始学习如何优先考虑和坚持自己的价值观，就可能会有一种感觉，好像什么也决定不了，就像仓鼠一样在轮子里不停打转，却还是原地不动。这是一种相当不愉快的状态，也会让你感到无能为力——因为努力付出却没回报，人就会丧失做任何事情的意愿。

我的心理学家朋友帕维尔·兹格玛托维奇建议，在这种情况下,每天都要尽最大努力做出决定。不做那些"去哪生活"的决定,而是做点简单的,比如:喝咖啡还是喝茶、坐地铁还是打车、穿裙子还是穿牛仔裤、用蓝笔还是黑笔写字、洗不洗头发、是现在做还是晚些时候再做点什么。这是为了让你相信你可以控制自己的生活,也能影响生活中发生的事。小的决定做得越多,在做大决定的时候就越有信心。

被压抑的措词

当你倾听我们告诉自己为什么要做某事时,你会发现一些惊人的事情。常常出现两种声音:"我应该……"和"我需要……"。试着用"我想要……""我喜欢……""我知道我可以……""我有办法……""我有足够的时间……"去换掉它们,感受身体对这些变化的回应。

当我说"我应该成为一个好妈妈"时,我感受到的是反抗。(我欠谁的吗?我为什么就要成为个好妈妈?是我要参加考试吗?)当我说"我想成为一个好妈妈""我爱做一个好妈妈""我知道我可以成为一个好妈妈""我有办法成为一个好妈妈"时,我的感觉就完全不同了。当我说"我有足够的时间做一个好妈妈"时，我感到十分温暖。我想，我知道，我能，我爱，我有，这些话有很多自我支持的潜力。

害怕面对别人的不满

怕被别人说成是自私、自以为是、势利的小人。那被别人说成什么会让你不爽呢？

拒绝为某人做某事都有可能会愧疚，会有负罪感——需要承受这种愧疚。（好消息是，这种愧疚持续不了几天，因为你会享有精力和时间。）在这一刻请善待自己，请记住，你可以同情别人的问题和困难，但没义务解决。

如果你对某人说"不"，因为你选择对自己说"是"，并坚持自己的优先事项，可这也无意"砰"的一声关上友谊的大门，破坏你们之间的感情，那么你可以这样做：

提供别的选择——比如，将会面推迟到你方便的时间（项目结束或者总之压力没那么大的时候），减少工作量或者只做部分工作；

用别的能力去帮助别人——自己不参与，但可以提供金钱支持，或者帮忙联系。比如，提供另一个可能感兴趣的人的联系方式；

说些表示同情或支持的话——这样就会向他人传达出你的关注，你对他需求的理解，你也倾听了他的问题，他没被忽视。在这个世界上，没有存在感是非常不舒服的。（就像《安东在你身旁》那个明信片上写道的："我能抱抱你吗？不然我会死于悲伤"）①。

控制一切的欲望

这欲望反过来又带来了权力更替问题，这是一种邪恶的力量幻觉：你无法控制一切，想要控制一切就意味着要心甘情愿地接受焦虑，接受这种燃烬的可能。

在这种情况下，我建议我们设置优先顺序，摒弃代价更高、错误更多的事情。比如，在开车的时候想接客户打进来的电话，但这时候生命更重要。

无处不在的需要在我看来，这种需要的核心是希望别人赞许和认可你的价值。想有人抚摸、赞美你，在理想情况下希望有人

---

① "Антон тут рядом（安东在你身旁）"由导演、出版人 Любовь Аркус 在 2013 年创立的，是俄罗斯首个为患有自闭症谱系障碍人群提供的系统支持中心（位于圣彼得堡），中心以一位患有自闭症的年轻人的生活为题材，拍了同名电影。这句引用被印在明信片、陶瓷和其他 "Антон тут рядом" 工作室的产品上。

和你说,"我们不知道,我们也不想知道,要是没有你我们可怎么办啊?"

如果仔细观察,为什么被赞美对你来说很重要,你会发现这是需要有人感谢和承认你的努力。你会发现,你真正愿意投入的是那些可以被关注、被欣赏的工作,而不是那些被认为是理所应当的工作。

优先考虑这种需要,你就会拯救自己,不会去燃烬自己,也可以避免那些徒劳的等待。

疯狂的旋转木马

这指的是一种生活节奏,每天浏览器都开了几十个网页,邮箱里都是加急的办公邮件,每天有没完没了的电话,同时读很多本书,但没有一个是读完的。想过滤一下什么重要,什么不重要成了几乎不可能的事情,只想马上把它们都关掉。

如何帮助自己应对轰炸式任务:

按最后期限列出任务,先完成最先要上交的任务。谈话时,用"什么时候"……这个神奇的句子提问,比如问:"什么时候?""我什么时候给你回电话?""我要什么时候弄好?"等。

这能关闭那些悬浮状态和不确定状态下吞噬你大脑操作记忆的后台程序。

关掉手机提示音：你仍能听到收到消息提示，但不会被通知内容分散注意力，等方便的时候再查看信息。当然，群聊（学校群、家长群、亲属群）消息也设成免打扰模式，不然你一刻也不得安宁。

如果你给自己设定的任务是"一年读完一本书"时，不要强迫自己去读整本书。只阅读那些与你的信息需求有关的章节。如果你不看那些枯燥的内容，一点也没关系，反正作者也不知道，又不会生气。

不要害怕同给你布置任务的人（领导，主管）讨论优先次序——让它们自己决定，现在更需要什么。这样，领导就知道你今天做什么，不做什么，就不会再说："为什么你今天做了个我不需要的东西？"这样也不会破坏一整天的情绪。

记住这句话："我需要时间思考"。你一直都有权这么说。

强烈的欲望胜于一切并立马去做

首先，要了解你感兴趣的东西能持续多长时间。如果让你感兴趣的事情会一直存在，基本上不会消失，也就是说，你可以半年、一年后，当你解决好日常琐事的时候，再去做它。

总的来说，"优先级"问题是这样的："这种情况会持续多久？""哪个快要结束的事情让我最感兴趣？""我必须亲自到场，还是我不在场也可以知道我关心的事情完没完成？"（比如看笔记，看文本材料，看看提纲等；还是只需要倾听朋友的看法，就好像自己也在场一样。）

在把另一件"非常重要"的事情写进你计划前，先看看你的生活中是否还有空间。我给你们讲个故事：

有一天，邻居莉娜给我发短信："我有树苗，你要吗？"我毫不犹豫地回她："要！我要！"然后兴高采烈地飞奔去拿树苗。到家后，我拿着树苗在花园里徘徊了20多分钟，看看能把它种在哪里。种那吧，怕孩子踩到，种别的地方吧，又怕我丈夫把它砍掉；而这里也什么都种不了，不然树苗长大了会挤坏栅栏。花园很老旧，每一个小空地都被占满了。我走着走着，突然就非常生气："我真是自找麻烦。"最后我终于找到了一个能种它的地方。有过这次经历，在对待种树这件事上我变聪明了：没有那金刚钻，就别揽那瓷器活。

温柔指南

1. 优先事项会让生活更稳定,也让你更容易被周围的人所理解。说"现在另一件事对我来说更重要"并不可耻。

2. 不要忽视为漫长而艰难的优先事项所做的准备(准备长期项目、备孕、休产假、准备接受第二教育、打算移民等)。想想你将如何恢复体力,如何找出激励你继续前进的"快乐点"。考虑一下你将不得不暂时(或永远)放弃什么,一定要提前预估损失,在头脑中进行割舍。

3. 考虑自己能力的局限性,不要要求创造很多功绩。没有太多重要的事情。愿你的优先事项使你摆脱与更广阔世界之间杂乱无章的联系,并能牢牢地保护你所处的生命阶段的价值。

4. 保持和珍惜内心的渴望。"不要问世界需要什么,要问自己,是什么让你活着,然后去做那些可以让你活着的事,世界需要活着的人"①。

---

① 转引自 Браун Б. 的《爱自己的不完美之处:如何接纳你的真实自我》的第 168 页。

长大吧,但不要想着变老,

死亡是存在的,但它只是死亡,

向对比法则致敬,

不要试图给页面编号,

因为你无法控制时间。

你能记住单词、名字和面孔,

你也能推倒墙壁,蔑视边界,

你也能爱,直到你的内心开始点燃,

你会知道,这一切都不是徒劳。

——克谢妮娅·捷卢多娃

第四章　成熟

　　整个孩童时期，我都希望能快快长大，获得"独立"，我的第一次婚姻是我选择"逃跑"的方式，因此我首先逃离了自己从小长大的房子。由于如此渴望摆脱，以至于我都没有足够的脑力去思考，连退路都没有给自己留。

　　而且，我总以为，在那个房子里长大，那个房子就是这样一个地方：如果压力太大，我永远都能再回到那里，在那里会有人张开双臂欢迎我。我曾真挚地相信这点，直到在诊疗过程中，心理医生告诉我不是这样的。

　　父母的房子是父母的房子，而我自己建造的房子才是我的房子。

　　当时，这个观点让我痛苦得身心俱疲，我花了几年时间才真正理解这个观点，然后开始变得成熟。

　　打那以后，我一直在思考什么是成熟，我自己成熟吗？从形式上讲，我觉得我成熟了：35+，有家庭、有孩子、有房子，受过高等教育，有工作，也有养老金，可现实是，如果不是为避免陷入嘲讽之中，我这个现在已经可以被称为"阿姨"人，依然很难说"我是一个成熟的人"。

这太可怕了。毕竟，到了我这个年纪，已经经历了足够多的事情，能清楚地看到：对床底恐惧的童年、幼稚的青年和一个经历过生活、而非对生活旁观之人所拥有的冷静自信之间的鸿沟。

大体上，我只能想到几个让我感觉是成熟的人，他们令我叹服：能够清楚地表达思想，认清现实，关注自己和他人的边界，发自内心地哭笑，但不会公开处理自己的心伤——如此彻底地展示自己受到的伤害是我无法理解的。

如果最终能热爱、拥抱和取悦自己，那么似乎就能解决世界和人际关系问题。就好像是我们在来自于父母的寒风中已经停留了很久很久，被冻坏了，现在能离开了，卖火柴的小女孩也可以回家，家里会有烤鹅、大圣诞树，心爱的祖母也还活着，只是：

那时候爸妈比现在年轻三十岁，树木很高大，窗外是那个时代的推车，没上油的车辘辘吱吱作响，讲述着不同的故事，讲述着关于幸福的观点，有着其他的主人公。但是，不管是那些人，还是我们自己，留下的都只是脑海中模糊的画面，夜晚在耳边响起的一些苦涩的话语，以及不息的怨恨。

没有人能告诉你，如何做一个成熟的人。

没长大的大孩子对年迈的父母有很多不满，父母是成熟的人，他们不用去寻找自己，因为他们从未失去过自己。

要真正"温柔对待自己"，成熟这个话题非常重要，这是支持和接受自己的内源，是由年龄和经验创造的支柱力量，是脑海中的秩序，这种秩序不是被动建立的，不是因为妈妈让你收拾房间，而且因为你自己想住在一个明亮宽敞的房子里。

成熟是什么样？

在思考"为什么成熟常常令人恐惧"这个问题时，我决定探究其深层次的原因，而不仅仅将其归结为："因为成熟的人很无聊"。那些通常被认为归属于孩子的特性——好奇心和真正对新事物感到好奇的能力——并不完全是"独属于孩子的"。（就像"忧郁"和"啰唆"被认为是成熟的人的特性一样。）情绪和性格特点不是乳牙，不取决于年龄。所以做一个成熟的人是好的，也可以做一个成熟的人，即便是被迫成熟。

不要逃避现实。你不能再躲到床底下或装"死"①了——你需要面对现实,并处理现实情况。更确切地说,你可以躲到床底下,也可以装"死",但之后的代价会更高。在成人生活中,"如果我忽略它,也许它会消失"②这一原则糟不可言。

扩大关心范围和责任圈。父母,孩子,朋友,猫,狗,房子,汽车,幼儿园,罚款,贷款,贷款利息,维修,落水的邻居……就像那个著名的笑话:"成人的生活很酷!你可以在去往自己三份工作的路上随心所欲地散步、喝酒和玩乐……"

重视这一事实:时间不可挽回。如果你没来得及做某事,那么有很大的风险是:无论做多少努力,都不会取得成功。皮肤衰老,生出白发,需要更多时间才能从前一晚的疯狂派对中恢复过来。而且,早睡,以及没有宿醉地醒来,这样的场景看起来已经比在海滩上做爱更令人向往了。哦,你已经开始保护自己的膝盖了,正确地抬举重物,在冬天吹干头发,当外套盖过屁股、非常保暖时,你会感到高兴。家里突然有了热粥和牛奶,扭伤

---

① 在Dreamworks工作室的动画电影《家园》(2015年)中,一个角色提出了这样的逃避方式:"如果我们都躺在地上,敌人会不会以为我们都已经死了呢……"

② 可以自由翻译成:"如果我装作什么都没看见,问题或许会自己解决。"

用的软膏替代了苏打水，冰箱里不仅有兑威士忌用的冰，还有炖汤的骨头。

不要和那些持不同观点的人置气。成年的一个主要标准是可以平静地对待别人的观点，这在社交网络"评论区乱象"的时代尤为重要。我很喜欢心理学家叶卡捷琳娜·博伊德克①的观点：一个成熟的人不会被别人的立场激怒。别人的立场根本不会引起任何情绪，因为这些立场无论如何都不会影响一个成熟的人的观点，成熟之人冷静又自信，认为有权以自己认为合适的方式进行思考和行动。当你感觉自己面对的是另一个人、一个孩子（对方的立场会让你害怕）或一个青少年（对方的话会让你想要反抗和抗议）时，对方的意见就会让你感觉被冒犯。但如果你感觉自己和他是平等的，那么他说什么都不会让你生气。

现代世界面临的最大挑战之一是能在众说纷纭的时候坚持己见，而不会因为"未为自己的真理而战、未加入冲突、未拼死捍卫自己的观点"而感到内疚。但是，如果要以不同的方式思考，以不同的方式生活，并以其他价值观教育孩子，那就完全没有必要关注那些有不同想法和生活方式的人。

遗憾的是，这样的成熟往往被认为是心灵脆弱、怯懦。陪伴

---

① 出自于 Бойдек Е., Варанд М. 的《我是妈妈，我想被抱起来》。

我们成长的书教会我们另一种观点：如果你相信某件事，那就坚持下去，直至取得胜利。勇敢者会这样做，英雄会这样表现自己。一定要爱惜自己，也就是说，当你被动地卷入纷争时，一定要留心。

当听到与你相左的观点和心跳时，只需要说："我有不同看法。"如果不愿意，也不用解释或捍卫自己的观点。你没有义务这样做。你完全有权利以不同的方式思考，追求不同的事情，相信不同的事情，不要认为别人认为正确的事情就是正确的，而是你觉得对自己来说正确的事情才是正确的，但只有你准备好，才能为此去斗争。

在你有不同观点的时候保持沉默既不是软弱，也不是背叛自己的信仰。意识到可以接受自己的价值观，而不强烈要求别人同意，是成熟的表现。

拒绝他人的光环效应。虽然老话讲"活得越久，知道得越多"，但也不要因为一个陌生人年龄比你大，就对他充满崇敬。也不要因为他的头衔听起来很罕见、很复杂，外表看起来很精明、很严肃，就对他充满崇敬。每当你发现自己处于这种状态时，都要小心地提醒自己，切莫夸大他人的形象（他人在你眼中的形象），不要将自己未解决的问题强加给他，他只是一个旁人，不高大也不矮小，他就是他，就是那样一个成熟的普通人。或许他在某些方面比你更好、更聪明、更有能力，但很可能并不是。

脱离"我们"。带着爱和温柔认识自己的成熟，不要将自己的恐惧和焦虑（以及关心和未经请求的建议）列入别人的责任范围，要将这点视为规则。不要担心别人的反应，不要用你的感情替代别人的感情，能用语言解决的问题，就不要带入情绪（语言是解决问题的理想选择）。

在成人价值观的基础上建立生活时，你会意识到：幸福不是与谁融为一体，而是与"我们"脱离。

不要让家人或朋友为这种感觉负责。如果他们能理解你、支持你，为你创建一个安全、有益的环境，能相信你的努力、并尽力促进你发展和成长，那就太好了。但这是他们给你的礼物，而不是义务。

意识到你已经长大了。每隔一段时间就以"我太老了，不能再搞这样的事情了"①这样的理由创建并重新修订清单，列出那些

---

① 语出自电影 1987 年理查德·唐纳导演的《致命武器》，是由丹尼·格洛弗饰演的警长默多夫的名言。

长大后就不会再做的事，列出那些不再尊重你、不再温柔对待你、爱你观点。

是的，或许你曾经这样做过，也曾这样对过自己，接受了这样的条件——但那已经过去了。现在对你来说，更重要的事情是——更好地倾听自己——到你这个年纪，你应该知道，什么事再也不要去做了。

为鼓励大家，我列出自己清单中的十几点作为例子（或许，能找到与你共通的地方）。

"长大后不能再做的事"：

1）听取路人无礼的建议；

2）穿得漂亮，但不是在冷天穿丝袜！

3）玩"猜猜我为什么生气"的游戏；

4）即使是打折，也不买不必要的东西；

5）如果愿意且能帮忙的话，我会释放善意，而不是直接问："我能帮上什么忙？"要么就直接帮忙；

6）读完无聊的书，看完无聊的电影；

7）对自己的年龄感到尴尬或轻浮地问："你猜我多少岁？"

8）在柜子里收着紧身衣服，期望有一天能瘦。

制定"长大后不能再做的事"清单——这是温柔对待自己的

重要一步，因为这会回答"我可以怎样照顾自己"这个问题。即：不做不适合自己的事，不做让自己慌乱的事、不容忍让你痛苦的行为。这非"愚蠢"，也非"疯狂"，而是让你摆脱"被强迫"。

正常的成年行为是无暴力地生活，既没有自己对自己的暴力，也没有别人对我们的暴力。

在理清我们不喜欢的事情、"不愿"的范围时，我们能让别人感受他们想要的事情。（或者什么都感觉不到。或者那些感受不是针对于我们的。）我们不要浪费自己的资源去改造别人，向他们讲道理，向他们展示一些东西或鼓励他们做什么。他们是成熟的人，要对自己的选择负责。

我曾经有过这样的经历，那是我第一次意识到我不被一个男人喜欢。虽然我很漂亮、聪明、风趣且随和，但他对我没有任何感觉。在那之前，我曾觉得只有我有权"不爱"，只有我可以拒绝，并提出"还是做朋友吧"。而现在，有这样一个人，我很喜欢他，很想和他之间产生爱情，但突然间，他让我意识到，魔法不再起作用，没有产生爱情化学反应，我们也不会步入婚姻，只能说一句："再见，谢谢"。

直面别人的"我不想"并不为此崩溃——这并不容易。但这绝对是应该学习的事情。遇到阻力时，无论怎样，世界都不会塌陷。

学会不带悲伤地放手。这不是在说著名的观点："如果你爱上一样东西，就放手。会回来，它就是你的；不会回来，它就从来不是你的"。这是我每年花园里的春耕教会我的：我耕了一大块地，播下千百颗种子，成了艺术大师，但也一直在失去一些东西。

最后一句话糙理不糙："有些东西肯定会最终死掉"。无论怎样用心，即使有魔法，我也只能掌控其中的一部分，总是有蜗牛、白粉病、无情的烈日、寒潮，还有孩子们那敏捷的小脚怎样都会踩上去。成年生活也是如此：你可以努力耕种自己的想法，哪怕是将其种植在温室里，保护它们不经风霜，只要它们不消失，总有一天会出问题，暴露出你努力的脆弱性。

但是，这从来都不是不尝试的借口。

最终，"成熟的人与未成熟的人的不同之处在于，不成熟的人知道在赢的情况下该做什么，而成熟的人知道在输的情况下该做什么。"[①]

[①] 出自于 Ефимкина Р. 的《你好吗？一还没有生！》的第 85 页。

成熟力

成熟带给我们许多礼物，其中成熟的可靠性和"不可剥夺性"最令人愉悦，它们成为我们的支柱、"珍贵的私人物品"，而且不用担心被夺走。一旦我们拥有了这些礼物，即使周围一切都完了，我们也能保持健康的头脑和幽默感，成熟带给我们的礼物有：

能及时刹车，直到完全刹住车和变道。这说的是在你不想向别人证明什么，或者在别人眼里你看起来是个有逻辑的人（比如讲了 a 之后讲 b，即便你一开始并未打算讲 b）的情况下，每当出现新的引入因素会影响既定路线时，你就会调整路线。

技能，所有能伴你度过糟糕时光的实用技能，像烤面包、开车、种花、纳税、画眉、做按摩、编织捕梦网，或者给猫咪剪指甲。总之，当有一天你失去那份光鲜亮丽的难以言说的职业时，所有"我能做、我会做、我已经试过、我知道怎么做"的事都能养活你。

不仅靠激情支撑，也要靠日常生活支撑。你知道，不可能会一直保持稳定热情的，所以不要幻想至死不渝的爱情、一辈子的激情，无尽的、神奇的金钱和灵感源泉。随着季节的更替变化，我们的事业（项目）也会经历由衰退到增长的循环。"无需做任何壮举，慢慢小步前进就足够了"的想法会帮助我们度过停滞不前的时光。

在这方面，我提的那些关于写作技巧的建议是十分适合你们：如果作者遇到了创作瓶颈，不知道接下来该写什么，那就坐下来，写上：没有什么可写的。说不定反而会写出一个很好的故事。

有意识地选择精神道路。成熟带给我们的礼物能让我们有机会远离关于传统家庭观"相信什么"的争吵。环顾四周，你会惊讶于选择的多样性，你可以选择所有感兴趣的东西。允许自己质疑别人未经解释就强加于我们的东西，或者是为自己打开难以置信的、先前未曾意识到的那内心深处的精神体系，虽然我们在那些精神体系里长大，但从未感觉它们如此贴近内心。

拒绝草率的结论和判断。当你能在地铁上，从人们紧闭的双眼里读出他们背后的故事，而不是只看到他们脸上的疲劳时，你就变成熟了。那紧闭的双眼背后，是有人被解雇、无处可去，是破碎的家庭，是叛逆的孩子们，是去世的儿子。所有那些深深的皱纹，下垂的嘴角，粗糙得像树皮一样的皮肤和磨损的鞋底——这些都不是因为懒惰，不是因为智力平凡、内在的空虚，而是因为生活。他们根本不在意关于成功的口号："一切皆有可能"，因为生活中本就没有什么是不可能的，成熟的人的生活里有很多证据可以证实这个口号。

尊重自己的喜好，包括在性、食物、人际关系、休息、娱乐和休闲方式（以及如何让别人感到痛苦和破坏别人的乐趣）等方面的喜好。正如波琳娜·萨纳耶娃所写的："如果一切都按照成熟的人的方式来，那么你的生活中会有更多你喜欢的东西，包括你的怪癖和怪脾气，以及一些裂痕等不圆满的地方，你很久以前就发现了它们的存在，并且和它们相处融洽，它们也每天装扮着你的生活。奇妙之处在于，你已经原谅了自己的怪癖，而且每一个怪癖的形成都有一段故事：否认、愤怒、讲条件、抑郁、接受——所有这些都已经过去了"[①]。你不需要为这些怪癖感到抱歉：那些认识你很久的人，爱你就会也爱你的这些怪癖，而那些说"有这些怪癖，就无法爱你"的人，根本就不爱你。

年纪越大我越不理解，我们怎么就不能在生活里吵架，因为每次有人说"我相信"的时候，都会有人说"而我不相信"，每次有人说"应该这样做"的时候，都会有人说"不，我认为按

---

① 出自于 Санаева П. 的《黑色紧身衫》的第 266 页。

其他方式做会更好"。而且，在某些时候，所有这些观点都正确——"就算是坏掉的钟，一天也准两次"。

真相给我们留下的是什么？只是当时的真相：对你有效的事实并不意味着对任何人都有效，因为他们不是你。别人在另一个家庭、另一种环境中长大，看着另一些的动画片，在院子里玩着另一种游戏，你的水晶鞋在多数情况下都不合她的脚。你也要明白，会有不同的鞋子和脚。不是更好，也不是更糟，只是别的不同的事物而已。

你有权有不同的想法，你有权不喜欢你"应该"喜欢的东西，你一切正常，这些都是可以的。

用温柔和爱看待自己

我想，你很清楚你内心的批评者——那个说"你总是与众不同"的人，是谁的声音？ 这通常是父母的声音，但也可能是老师、教练、丈夫、老板、刻薄的邻居或永远不满的讨厌的亲戚的声音。他们一张嘴，你就能知道他们想做的事情：叹息、频繁地贴标签、回忆过去的失败、无情地把你和其他人对比、愤怒地抱怨、咂舌。

我的批评者总是无情的、从不饶人的——带着这种内在的附属人格,甚至不需要敌人都会被打败。

有一天,我突然听到我内心出现一个平静而睿智的声音,它在讲述、提出正确的事情,而不是"我错了""我一无是处"那习以为常的嗡嗡声,你能想象我当时的惊讶吗?

或许,这就是成熟给予我最大的礼物——我终于可以将"如何生活"和"成为什么样的人"这样的建议权仅留给了自己。

内心那个善良的成熟的人从没有试过指责、责备、抱怨或批评什么,他不关心其他的——他只关心我,关心我的冷静、我的健康、我的情绪和我的容貌。"如果现在不想洗碗,那就把它放在水槽里,放到第二天早上,世界不会因此崩溃。"(最终结果是:世界确实没有因此而崩溃)。"不要选穿得漂亮,要穿得暖和吧?"(好的。)"生气和愤怒有什么意义呢?生气并不能解决问题,时间会自动解决一切的"(事实确实如此)。"朋友,我知道这一切感觉像是世界末日,但我们不要躺平、等死,让我们深呼吸,放空自己,然后再正常呼吸,如果不行的话,那就高质量地忧伤一会儿——我们可以这样做的"。

内心那个善良的成熟的人说话的时候毫无讽刺味,也没有消极的侵略和强烈的冲动去激励、修复、刺激精神振奋,他允许一切，接受一切，我需要多少时间，他就会给我多少时间，我认为这有时可以被称之为智慧。

请尝试与内心深处那个善良的成熟的人会面、拥抱。那个从你内心深处、从最根本的地方发出声音的人，用温柔和爱看着你，你要意识到他就是你，你已经是成熟的人，已经长大了，已经有能力安慰自己了，你要与自己站在一起，肩并肩，手牵手，永不放开。

感受它在你全身流淌时的温暖。如果你不习惯，会感动得想哭，但可以肯定的是，你不会再指着脑门责难自己，骂出难听的话了。

成熟就是找到自己的声音。只要你不把自己的声音切换掉，那它就可以盖过其他一切声音。

在这方面，一个简单的思维活动就能起到帮助。找一天，每一次自我对话结束时都加上一个"……亲爱的我自己"。无论是抚摸自己的头发，还是批评自己都可以，尤其批评自己的时候，请对比一下："哦，天哪，我又失败了！"和"哦，天哪，我又失败了……亲爱的我自己"。

为什么要加上"亲爱的我自己"而不是别的,比如:"真棒!"呢?因为"真棒!"总让人感到你对结果过于关注:如果成功了确实很棒,但如果失败,那么……关键是要时刻谨记,在任何时候你都很棒。即使是失败,迟到了,做饭盐放多了,或者吃得太多了,你都很棒。

温柔地对待自己不仅体现在我们要如何与自己相处,还体现在我们对自己说的话中。为实现目标,许多策略都建立在严酷对待自己的基础上:命令自己"做、跑、停、走",甚至不做任何解释。这种行为方式会慢慢成为习惯,被视为规则。但事实上,这是可以改变的,所以请让这本书成为你改变的起点吧。

温柔指南

1. 庆祝每一个新的技能和能力,将它们视为对实力的投资资本,尤其要尊重自己的天赋:那些能够理解自己的天赋的成熟的人才是幸福的——他们比别人更容易地、更好地取得成功。天赋不会因结婚就被剥夺、盗窃或复制,而温柔地对待自己就是要最大限度地利用自己的潜力,为生命赋予意义。

2. 忽略那些唠叨和道德说教。没有人有权像对待小孩子一样管教、指责或训斥你。请牢记那个神奇的"检验"问题:"我真的想要像那些告诉我该怎么做的人那样生活吗?"如果答案是否定的,那就继续前进。

3. 寻找你喜欢的成人行为角色规范。观察人们的反应,他们的行为方式,表达思想的方法,观察别人是如何成长的。

4. 珍视你自愿"帮助他人、改变世界"的权利,不要因为这是"必须要做的"或者出于别人的期望而这样做。志愿服务、慈善事业、环保倡议——只去支持那些与你价值观相符、你真心相信的事情。不要因为害怕不被认可或被批评而参与某些活动，不要出于被迫而做好事。

5. 有一个可以依赖的人在身边是很好的，但更好的是拥有自立能力，拥有可以谋生的手艺，并在床底下储备一些现金以备不时之需。

6. 对自己负责，这虽然可怕，但其实非常明智，是成人的行事方式。这就是为什么说在这个玩笑"母亲已经历经了自己的人生后，还会历经你的人生"中只有一部分笑话成分，其余的都是真理。

7. 由于人天生具有干涉一切事情、对其进行批判的渴望，因此你的自我主义要发挥作用，让它在"复印文件、写信封地址、贴邮票"这类工作中发挥作用。最重要的是，要让自我主义远离你的创造性工作[①]。

---

① 出自于 Голдберг H. 的《吞食汽车的人》的第 222 页。

命运和死亡像是有魔爪,粗糙而贪婪;而爱却很慷慨,像是新来的名人或朴实忠厚的人。但请牢记:你的心不是施舍的银行,而更像是优秀的瑞士银行。

——克谢妮娅·捷卢多娃

第五章 金钱

每个人都有自己对待金钱的态度，都有一套自己的如何赚钱、花钱的理论。有人相信可以用身体赚钱（别问我，自行去百度），有人相信，付出越多收获就越多，还有些人简单地认为赚钱是一种有趣的游戏，并沉迷于这一过程。

我思考了很久，是否要将金钱这一话题放进关于如何温柔对待自己的这本书中。毕竟这不是一本由财务专家编写的指南，介绍如何赚钱、怎样投资来获得收入。但后来我明白了：正是因为许多担忧都与金钱相关，所以这个话题值得探讨、需要探究，探究你为什么要对金钱心存戒备，要学会以温柔对待自己的原则来建立与钱的关系。

最好的钱是你自己的钱

首先最重要的是要发现我们内心深处的信念，他们决定了我们在金钱方面的感受和行为。如果我们认为"金钱越多，麻烦就越多"，那么我们就会不知不觉地对高薪产生恐惧，或者尽可能地避免彩票中奖,以免有钱烧得慌。

我们会习惯性地这样思考,而不会换个方式思考(我们的信念正是我们的思考惯性使然),相反的观点("金钱越多,快乐越多")也无法解决问题——因为这一切很难改变。我们在这些伴随着我们数十年的信念中成长、成熟,直到现在成人后我们还能听到身边人的类似观点。大多数信念的根源可以追溯到我们的童年,那时我们把周围的一切话都奉为圭臬,我们没有自己的经验,只能听信别人的话。

与心理学家一起探寻关于金钱的错误观念,这是一个漫长而痛苦的过程。你和专家一起探寻到:因为惧怕死亡,传说中的科西切把自己的灵魂抽出来,藏在一根针头里,针头藏在一个鸡蛋里,鸡蛋藏在一只鸭子里,鸭子藏在一只兔子里,然后锁在一个铁箱子里,埋在一座海岛上的一棵绿橡树下。这时你可能已经筋疲力尽了,但即使错误观念已经显而易见,你也依然抓着不放,在这之后才刚刚开始最困难的部分:你需要形成新的思维习惯。

下面的表中我列了一些我自己发现的和粉丝分享给我的"金钱"观。为使书中的这部分内容发挥最大用途,我决定列出与每种金钱观相对应的"解药",它们解释了这些金钱观的不合理性,而不仅仅是通过"相反"的方法颠覆原观点。

金钱观	可替代的思想
没有钱。	没有钱用在某件事情上，而不是根本没有钱。我可以重新分配资金，这样就有用在这件事上的钱了。或者我可以想办法赚钱。钱总是有的，如果不是我有钱，那就是别人有钱。我可以出售一些不需要的东西换钱，但钱从来没有消失。
金钱是通过汗水和鲜血得来的。	金钱不是矿石，不是挖掘出来的。我用自己的技能、智慧、才能和能力，做一些别人不会、做得不好或者不想做的事情，来换取金钱。我不想为了工作而牺牲自己的生命，以此来赚钱。
通过写作、跳舞、唱歌、画画等方式赚钱不多，最好还是去赚取正常的收入。	"正常"是针对什么而言，是按什么标准定的呢？如果你不养我，就别眼馋我的口袋。对我来说，我所有的钱都是"正常"的，对我来说都是最好的，因为它们是我的钱。
丈夫的钱不是我的，我不能将丈夫的钱花在自己身上，只能用于孩子。	如果我与这些钱有关系，即使是间接关系，我就已经处于它们的保护范围，我可以爱这些钱，将它们视为我的支柱。这些钱进入家庭，进入了共同预算——我也有权支配。

续表

金钱观	可替代的思想
要的越多,得到的越少。 有所追求没有害处。	要的越多,得到的就越多。我不是向比我富裕的人讨要施舍,而是在需要我的地方,通过我的能力和努力,赚取我认为重要的东西。
可能会因为有钱而被杀害。 金钱会带来危险。	这是90年代时关于黑社会的电视剧或者新闻中所传播的恐惧。但事实正好相反:如果有钱,就可以最高限度地保障自己的安全。现今没有人会在家里储存大量现金,更不会随身携带。去银行账户上取钱,这比走在黑暗的街巷里面临的风险更加复杂。
钱越多,麻烦越多。 虽然没有钱,但睡得踏实。 大钱是无法通过诚信赚取的。	钱越多,关注和处理与钱相关的事情、关心自己的机会就更多。世界上有许多富有的人,已经制定了良好的合法管理财富并使财富增值的方案,在这方面需要咨询懂金融的专家,但"钱"并不等于"麻烦"。麻烦是由其他原因引起的(例如欺诈、逃税、不能拒绝借贷请求等)。
不要炫耀自己的财富,这是不得体的。	钱是赚来的,不是偷来的,没有什么可羞耻的。用自己赚来的钱买任何东西,比如饰品、奢侈品或剧院门票,这与他人无关。

续表

金钱观	可替代的思想
过去生活得不富有,没有开始做某件事的机会。虽然不富裕,但至少生活环境很干净。	我们过去生活得很贫困,现在可以结束贫困的生活了,这个教训已得到充分的理解,而且已经过去了,让我们尝试一些更有趣的事情。我将成为富有的人,我有信心。
穷人好,富人坏。	金钱并不能决定一个人的品格。有许多卑鄙的穷人和许多宽宏大量的富人。难道我的朋友都是穷人吗?或者我的敌人都是非常富有的人吗?
幸福不在金钱。	没必要将"幸福"和"金钱"这两个概念联系在一起。人们说"幸福不在金钱"只是为了安慰自己。这种支持自己的愿望是美好的,只不过用对立的方式进行表达是有问题的。更好的说法是:"幸福既在金钱、也在机遇和情感。在我为自己定义的幸福中,所有的一切都是幸福"。

"我值多少钱?"

经常有人问我,当不知道提出多少钱的薪资要求时,应该如何为自己的工作开价。由于脑海中没有具体数字,你会被这个问题难住。这可能关于一次性工资的兼职工作，也可能关于整体工资水平。有人开始研究市场平均薪资水平并以此为准，有人以"我的妈妈朋友的儿子"的薪资为参考，但多年来我的答案一直没变：

"请根据你的舒适度来定价，即在这个价格下，你可以舒适地开始工作并将其持续到底"。

这个数字不必与任何东西相关，只需要你自己感觉："是的，这个价正常"。这方面重要的是要听取身体对这个数字的反应，而不是听取大脑发出的信号："你疯了吗？这太高了！"或者"听着，这完全不需要收钱，免费做就好了……"

如果设定的价格不是你内心认同的价格，你很快就会开始因卷入这个项目而对自己感到恼怒。你会觉得对自己的估价太低了，随着时间推移这种感觉会愈演愈烈，你会认为客户就是个大傻子，就这个价，他没有资格刺激你的神经，你会继续工作，慢慢消耗自己的生命力，但最终你会变得毫无生气。

这方面我的立场非常坚定：如果我意识到自己来回奔走，被要求进行无休止的而且客观上来看并没有意义的修改，我会在情感上中断项目联系，并停止合作。我会拿回自己所做的工作（不允许他人使用），并将钱退还给客户，或者干脆不接这笔钱。我不担心错过的收益，也不可惜失去潜在的收入——我更害怕在为别人头脑中的混乱进行服务时失去自己。例如：

—我完全不理解这一点，你是专家，把钱给你，请你告诉我怎样做才是正确的。

—这样做是正确的。

—我不同意。

有一种特别的客户，他们总是会对一些事情感到不满——不是你工作真的出了问题，而是因为这些工作不是他们自己完成的。但是你要明白这并不是你的问题。

有一点需要澄清：不要混淆由于无法与客户达成协议而停止合作的情况和由于在合作过程中失去工作能力而停止合作的情况，这种情况也许是因为承担了太多任务，超过了自己的能力范围，没有考虑到实际情况而失去工作能力。这是需要勇敢地承认自己的错误——首先是向自己认错。要意识到最好是在还活着的时候撤退，然后努力寻找能够接替你的专业人士来接手项目，兴许那个人正好非常适合这个项目，你活着，他也能过得很好。

通常定价时，人们会下意识地担心失去客户："如果价格对他太高了怎么办？"这点我坚定地认为：不需要评估和担心他人的购买力。如果对方觉得太贵他会说："明白了，谢谢，我应付不了。"但通常，人们不仅是为你所做的事情付费，而且还因为正是你做的事情而付费。至于为什么想和你合作，客户可能会有自己的利益考量。这里我们回到上面提到的原则：首先，工作的定价应该对你来说是舒适的，而不是对客户来说。不要为买家考虑，商品是你的。

我很自信地说这点，是因为当我自己处于"买家"地位时，我也遵循同样的原则：尊重别人定价的权利——如果价格太高，我不买这个"商品"就是了，可以寻找适合我的其他替代品。

另一种为自己工作定价的方法是先询问客户的意见。（"你觉得为我支付多少是合适的？"）关于愿意（或不愿意）出多少钱解决自己的事，人们的脑海中总有一个大体观点。如果价格对你合适你就可以同意。如果价格不合适，可以进行讨价还价，将价格提高到让你舒适的水平。如果对方觉得价格太高，他们会拒绝（这是完全正常的情况！）——但至少你不会因为在最初不适合的条件下参与这个项目而对自己感到内疚。

"我没有进取心"

在我们的文化里，通常不会问工资，即便是再亲密的朋友圈也不会讨论谁赚多少钱，这是一个可能会无意中冒犯他人的问题，例如，如果一个人将自己与获得的薪水相提并论，并认为自己的薪水很少或者甚至很荒谬可笑，那么他可能会因此认为自己很渺小和可笑。他会觉得别人会嘲笑他，认为他不成功，没有钻劲，进取心不强，这令他感到耻辱。

公众意识中的进取心多指的是"尽可能多地获取以及在职业生涯中迅速向上攀登（从职员到董事）"的愿望。这些确实是美好的、出众的愿望——当然前提是这些确实是你追求的动力所在。

重要的是要记住，即便没有进取心，不喜欢承担重大责任，也没有领导者的天资都是正常的。有天赋的经理具备特殊的思维能力，他们能够展望未来，应对众多变化，并制定复杂的"多步骤战略计划"。这不是通过读书，或是尝试扮演"有抱负的领导者"这一角色就能学会的。越强迫自己去做不擅长的事情，伤害自己的风险就越高，但却不会取得很好的成就，或是能取得成就，但付出很高的代价——因为人轻易获得时，这一切都将不再有趣。

健康的雄心壮志是不断地将想要实现的目标与内心的回应相协调。

可以为了追求成长和与有好感的人一起工作，参与创造出令你愿意免费工作的神奇产品，也可以只是为了钱和合同而工作，也可以只为了赚钱和在档案中填上工作经历而工作。

请不要误解我的意思，"只想挣钱"这个目标也行。但这与温柔对待自己无关，它更多的是涉及经济困难的状况，这样的话赚钱就是头等大事。从长远来看，只关注赚钱会导致自我的内耗：如果大部分时间你都在与对自己所做的事情或与之交往的人（同事、客户、合作伙伴）的反感作斗争中度过，那么你很难热爱生活。

免费工作

我曾经做过很多免费的工作。当时，我是一名年轻的专业人士，不用为金钱发愁——没有家庭，没有孩子，也不用支付房租。而且这也是一个积累经验、提高技能水平、拓展自己职业经历的好机会。

而现在，对我来说，免费工作太奢侈了，除非是非常强烈的爱好，而且是出于自愿，我才会免费工作。因为我知道，我将不得不用自己生活中的某些东西来为这免费的工作买单，最重要的是我不想这样做，而且之后还会因为无法拒绝而自责。

因此我自己有一个不成文的规矩，即不要免费地向朋友寻求专业帮助——我总是提议给工作定价。如果对方不同意，我就会问他，我可以用什么方式来感谢和回报他，以使他感到愉悦。因为我尊重他的时间、技能和经验——我非常不喜欢听到"没关系，以后再说"的说法。在我的世界里，最完美的"以后"就是"现在"。我不知道，当他所说的"以后"到来时，我会处于什么状态——也许，我正困倦地躺着，什么都不想干。然而，他却突然找上门来："下雪了，初雪快乐！你还记得曾经答应过帮我吧？现在……"

当为别人的工作付钱时，你将双方的关系从友谊层面转换到了工作层面，你有权利要求他重新修改某些东西，可以大胆指出你不喜欢的地方，尽情提出问题。而如果让朋友免费地工作，那么提出类似"就这样做，不过要更换一些小细节"的请求会让朋友感到折磨，也会让你良心上过不去。出于礼貌，你会更快地同那些你不是真心喜欢的东西妥协，而不是要求他重新修改。这通常不是最佳解决方案——双方都浪费了时间，最终结果却一般般，不尽如人意。

如果你是因为"不方便向朋友收钱"而拒绝收钱，那么就将感激之情转为其他形式，例如捐给慈善机构，或者拿这些钱给妈妈充话费，或者用这些钱为流浪动物买些吃的。但如果一个人想要出钱，最好让他出，这样可以让他从与你的不必要的能量联系中解脱出来。

关于慈善事业，我坚信，这应该是完全出于自愿，而且是在自己富余的状况下进行的活动，而不是要为此用掉自己最后一分钱，施舍如此，给小费也如此。我知道，通常很难坚持"我不想给钱"这种想法，你会想到"好人都是无私的"，"没人喜欢小气鬼"，"如果别人过得不好，你怎么能享受生活"等观点。但是，如果你不想给钱，肯定是出于某些原因不愿意给钱，只是你没有意识到这种原因。（而且，也不需要这样强求自己。）你的不情愿就已经是不想给钱的充足理由了。你很了解自己，与自己共处了多年，你非常清楚其他时候你极其慷慨，会发自内心地做慈善，也不后悔做慈善。没有人会记录下你一年里帮助了多少人，参与了多少倡议，是否应该得到圣诞老人的礼物。但是，你将永远记得"被迫的慷慨"所伴随的那种伪善和不真诚，按照反对强制的规律，你在分享资源时，你会更不情愿、会有所保留，会分享地更少。

"我不能把钱花在自己身上"

我们可能买礼物不吝啬，也舍得给孩子、丈夫花钱，甚至是给家里买一些大而无用的东西，但是却舍不得为自己花钱。喝完咖啡、买完新衣服、买了成套的内衣或是购买一个有趣的网络研讨会的账号都会让我们感到内疚，所有来自购物的乐趣都会被这种愧疚感替代。

我理解这种感受，我也觉得很难处理这种愧疚感。所以我们要思索行为的逻辑，从根源开始批判性地重新思考：为什么我认为不可以为自己花钱？我为自己花钱会让孩子挨饿吗？我们是没有钱付上网费吗？这是我最后一点钱，以后都没有钱了吗？丈夫会因为我花了很多钱责备我吗？我是没有足够的油把车开回家吗？

思考一段时间后，我清楚地意识到，自己脑海中"不能为自己花钱"这一禁令是由谁发出的，为什么会对自己如此吝啬。我明白对我来说，钱在很大程度上代表着安全感——只要有存款，我心里就有底。生活中我曾有过一些时刻心里没底，而这些时刻都与经济损失有关。那些我赚来的钱被擅自拿走，不知道用在了哪些地方——我清楚地记得那些愤怒、不公和无助的感觉。从那时起，我很难随意地花钱（但我正在学习）——我需要先确信，自己是安全的，生活根基牢固，后方有保障，绝对有地方和东西可以让我生存下去。没有人知道我会用斧头劈柴煮粥，我可以不去任何地方，什么都不需要，可以穿二手衣服，但我知道这些才能已经永远属于我。不过，我也知道这样的日子已经过去了，就像玩电脑游戏已经通关了，我不会被推回到一无所有的状态，所以"请放轻松"——你有强大的支撑，有房子，有种植南瓜和西葫芦的实践知识和一些很好的、在市场上有很大需求的技能，即便是发生了什么意外，你也可以应对。我会在你身边——我们可以应对。所以，你想要什么呢？想再买一本书吗？那就买吧。

这样慢慢地我们就逐渐习惯于这样的思维：可以"为自己花钱"。当然，如果没有人责备你为什么买一些东西，也不会检查收据，那为自己花钱会更容易些，但这已经完全是其他的事情了，是关于财务暴力和心理暴力的事情，在这些情况下，保护自己的方式也完全不同，不能仅仅通过调整行为方针来解决。

下面几点可以让你在为自己花钱上更安心：

开一个叫"可以"的信封。将别人赠送的礼金或者意外得到的钱财放进去，这些钱只用于买那些让自己愉悦的东西和想买的东西！

编写心愿单。不必害羞，你可以根据需求将该清单发送给所有相关的人。（例如："你生日快到了，想要什么礼物？"）当你从这个清单里划掉越多的项目，你就会越相信：自己想要什么，都是可以的，这并不可怕，而是有益的、非常愉悦的。

设置虚拟购物车，并在购物车里加入你真心喜爱的一些东西。每当你进入购物车时都能看到价格变化（可以有很好的折扣），并检验自己是否还"想"买这些商品。如果对这些东西不再有兴趣，那就删除、忘掉这些东西。我也有一个虚拟购物车，里面收集着我想购买的书，我会定期去看看这个购物车，以求情感上的满足。我会平静地看着书皮，想象着它们在我的书库里看起来有多好看，然后像古鲁姆一样低声说："我的宝贝……"令人惊讶的是，每次这么做以后，我都感觉自己对书籍的渴望得到了满足，即使我没点"下单"。显然这种满足来源于能够看到丰富的书籍，并通过点击的方式拥有自己喜欢的东西。

"我不喜欢别人为我买单"

对于女性,有时候,如果有人为她买单,比如在餐厅里为她买单,这位女性的内心会有强烈的抵触情绪。

如果你喜欢自己买单,那么这完全正常,不需要进行额外的心理斗争。只需点餐时让服务员分开下单即可。

如果你的用餐伙伴坚持要买单,你就可以问他:"为什么坚持买单?"

得到的"我很高兴这样做","我想关心你","因为我是男人"或"你是我的客人"的回答会让事情变得明确。如果说头两个回答令人感到温暖,并减少你心里的抵抗,那么后两个回答则暗示着这种行为是遵循某些礼仪,而不是出于真诚和自愿。你无需为他人的义务(每个人决定自己应该承受什么)负责,你始终有权回答:"谢谢,我很重视你,但今天我自己付账。"

重要的不仅仅是你的伙伴想要什么,你想要的也很重要。

但如果你觉得别人替你买单就像是别人在收买你一样,这种来自内心的抵触感让你感到厌恶,你想要摆脱这种感觉,那就另外一回事了。

这种情况下，有以下几个解决办法：

重构你的行为准则，将自己从商品和金钱关系中抽离出来："他们不是为我付钱，而是为食物付钱"。

与买单的人商量，下一次由你付钱（就像是给同事送礼金过生日一样，办公室的人轮流花钱），或者你可以付小费。

重要的是，不要迫求自己立刻摆脱这个因自己特性造成的尴尬感，这并不可耻也没什么不对，一切都很正常。

重要的是：如果你觉得为你买单的人有意要求你之后"继续见面"，那么你始终有权说"不"，穿好外套并离开。你有权在任何受到压力和强迫的情况下，对你不喜欢的所有提议说"不"。谈话中只要你感受到哪怕一点点的"不对劲"，你都可以随时起身离开，无需等到谈话结束或是听完某些话，无需解释，也无需证明什么，也无需对任何类似"你怎么像小孩一样行事"的评论做出回应。这是可以的，这是正常的，离开就好了。

温柔指南

1. 据说如果一个女人不舍得为自己花钱,那么周围人会对她产生更大的节约欲。因此,请记住:为自己花钱是可以的、重要的,而且是应该的。

2. 允许自己表达愿望,无论是以口头形式,还是以书面形式表达。我三岁的儿子经常对我说:"妈妈,我想要蹦床"。对他来说,我能否买得起蹦床并不重要,他只是想表达他的愿望。你或许很难相信你以前也曾是这样的。

3. 如果陈旧的金钱观对你帮助不大,反而使你更加困扰,那就重新学习用不同方式思考,无论什么时候开始都不晚,这可以让你接下来能正常生活。

4. 金钱与爱情、能量、爱好和快乐都相关。为金钱赋予意义吧,你内心会为此感到温暖、雀跃。

5. 不要违心地强迫自己变得慷慨——钱也不会喜欢被用沉重的心情去花掉。

……无论是谈论重要的事情,还是为微不足道的事情哭泣,都请承认,这只是胡思乱想。

　　只要今天你不背叛它,明天你都会遇见自己的幸福。

——克谢尼娅·捷卢多娃

第六章 相信自己

相信自己这个话题很多方面与相信自己的感觉这一主题相交织，但在这一章中，我们将扩大角度，谈谈将自我评价同别人评价区分开来的重要性。这种自我评价通常是一种调味剂，它所呈现出来的东西会帮助我们变得更好。

对我来说一个典型的事就是我去美容院修眉毛的时候，美容院的人建议我再纹一下，说我眉形不好看，太细了，现在已经不流行了。我说，"谢谢，我觉得还行，我很喜欢我眉毛"。我觉得我甚至都已经听到了修眉师大脑中那套话术碎裂的声音。在美容院，美容师可并不习惯听到一个女人说她对自己满意。

但是，正如娜奥米·沃尔夫写道的那样：不要指望教会的信徒支持你，除非他认为自己是个罪人，也不要指望一个未觉得受伤害的女人会花钱来"微调和整容"。①

有时候我们所听到的一些事情、东西和服务，我真的认为我们不需要反倒是好事，不是我们"没有钱去尝试"或"没有时间

---

① 出自于 Вульф Н. 的《美丽的神话——困扰女性的刻板形象》的144页。

去做什么"，就只是"我们不需要"而已。

"我什么都有"和"我受够了"这句话听起来是有多么的好，那个中的自信和决绝是多么的令人愉快。你会从内心生发出来多少感激，因为你的世界里所有重要的元素都在那里。

也许这种完整性对其他人来说是看不见的。但是，你的每一个细胞都能感受到那种完整性。

因为即使你没有这些，你仍然有别的东西——至少有回旋的余地：要相信，如果没有房子，那还有路；如果没有路，那还有房子；如果又没房子又没路，那你还有选择。不必去相信它，也不需要别人相信，你能生活在其中就好。

"我一切都好，谢谢"

有时候广告看多了，你就会认为很多你不关心的事情似乎是最重要的，如果想被认为是一个正常的女人，就要化妆、做日光浴、美容、晒太阳、引人注目、嘟嘟唇、减肥、展示妩媚的那面、唤醒内心的女神……

这让我想起了我年轻时遇见的一个情景。在一个衣服市场，有个售货员从人群中抢来了一位顾客，并给她穿上了一件衬衫，还一个劲儿地说:"你看多好看啊,这件衣服太适合你了!"这一切都令人厌恶——这侵犯了别人的隐私不说,也不礼貌,更是撬生意的行为。

如果有人试图向你"兜售"某样东西——不仅是在服务业,甚至只是在生活中面对那些"专业"但烦人的建议时,你可以这样做:

回答他:"谢谢,我知道我想要什么","我已经下定决心了,谢谢"。你不需要参与把某人从无聊中拯救出来的谈话,也不需要帮助他们完成销售计划,也不需要让别人觉得自己很重要。这不是你的工作。

如果是电话销售,那他显然不会考虑你是否有时间,是否有兴趣,直接挂断电话就好。这种情况下,礼貌起不到什么作用,只会延长被那些毫无意义的信息所带来的痛苦。

用"我很好,谢谢"这样的魔法打败魔法,它可以让推销之人呆住,从而争取时间,好使你能结束对话并全身而退。

你可以说"我不需要"——可以自给自足并且可靠。

当你说这句话的时候,不要试图操纵任何人——所以,根据公平法则,你有权要求得到同样的待遇:不要强加在你的意志之上。

有时候,"我不需要"的想法不是来自于"我拥有一切","我不需要,是因为都还过得去"。也就是说现在不应该有更多,这意味着也不要在这里期望更多,这种态度会产生两个不幸的后果。

保障当下的需求。经典案例就是女人总是在产假里想着:"哎,现在还是给孩子买衣服吧,我就不用了",结果什么都没给自己买。但是,家里是有这个钱的,不是说买了衣服就吃不上饭了。你产假中的生活也和以前一样真实。在这段时间,周围的人也没有比你休产假之前更糟。我说的不是在产假中应该要是什么样子,这与我无关,我说的是休完产假不应被视为"暂停"和"开始"真实生活。因为发生的一切都是真实的,不是假的。在这个时候继续下去是很重要的,别僵在原地。

还有一种风险是,如果不贴上"至关重要的需要"这一标签,就别让自己做任何分外之事。禁欲主义本身并不可怕,但很少只影响一个人,一个人被影响了,其他人也会被波及。当你同意满足别人的一些小事时,他们就似乎想要得到更多,你可能都不记得这一开始就是你的选择,而非别人的错。

通常情况下,不仅要保护自己不受外界的影响,还要击退来自内心的自我批判,不要认为"篱笆外的草更绿","你是个失败者"。这种情况下，我建议在进行自我攻击和做出不利于你的决定之前，比较一些你和他人的背景。不要比较成就，而要比较你和另一个人的起点、生活条件和环境。

我们一直忽视的事实是，并不是生活中的一切都是由纪律、努力和意志控制的。

总有一天，你的"想要和尝试"会被一张平庸的坏运牌打破。

我们沉迷于一些人如何努力、收获了什么的故事，却不会想去知道，有些人付出的并不少，却什么也没有收获。

研究失败者的错误往往比从成功之人那里获得要为成功做什么事情更有用。

他人悲惨经历的价值在于，它不仅能让你看到通往道路目标上在哪里能休息，在哪能喝水、吃饭、睡觉，还能让你看见从哪里是走不通的——通常会有一个红色的"叉"。

生活中总会有一些时刻是必须要忍受失败的，不一定会一次又一次，但有时候是这样——尤其是当你没有足够完成任务的能力时。不要认为这是错误的或有缺陷的——你正在尽你所能。

杰森·斯坦森坐在路边的一家咖啡馆里，说起鲑鱼："鲑鱼又快又壮又不知疲倦。他游了几千公里。征服了急流和洋流。他在浅滩上跳来跳去。没有睡觉。没有休息。在与自然的持续斗争中。他克服了所有的障碍，产卵，完全筋疲力尽，死了。但你要记住，你不是鲑鱼"①。

我想到的第一件事就是这个比喻——妇女尝试在产假的第一年继续工作。这不是一个生存问题，而是在社交媒体上看了太多美好的图片，在那里，没有黑眼圈的女人，还没过哺乳期的女人都在搞事业。（别人就会想：他们都能搞事业，我能不？那为什么我想死而他们不想？也许我真的是一头懒牛？）

你有权利输掉这场"职业之战"，或者压根不参与。别人都在职场上打仗，你天天摆弄着尿布。尿布和仕途半斤八两——都是生活的某个阶段。这个阶段结束了，下个阶段又开始了，这个阶段不会永远持续下去。和产假并排的是充斥着忙碌的工作和社交的社会生活，没有支持或损失是不可能的，这是幻觉。总是有一些帖子没有发布——保姆、祖母、私人花园的照片，错过孩子的第一次迈步、第一次开口说话的巨大的罪恶感。

---

① 出自于 Тимонова Е. 的《鲑鱼部落人》。

我们总是要做出选择并放弃点什么。"没有中立的选择。每次你选择某样东西时,你就会失去选择其他东西的机会。因此,即使我们努力拥抱一切(即不放弃任何东西)也是有代价的,也会造成一定的损失"①。

关于批评

布伦·布朗把展现自己的勇气(写一本书,说出自己的想法,分享自己的感受)同走进竞技场相提并论——你吸引了很多人的注意,他们中有些人对你不是很友好,甚至会有些敌意。当走到聚光灯下时,你要做好观众的反应是不可预测的准备,但这并不是让你放弃生活、接受自己的价值、跑到幕后去的好理由。

批评是不可避免的。这是契约的一部分,也是成为你自己的代价。

---

① 出自于 Крэбб Т. 的《繁忙地无意义,如何摆脱无尽事务的漩涡》的66页。

另一件事是，多数情况下批评都来自于坐得很远的人，我指的是来自那些没有像你一样勇敢地走进竞技场的人，你甚至都看不到他们的脸，因为聚光灯都打在你身上。他们的话可能会刺痛你、伤害你，可恰恰是他们没有对你评头论足的权利——他们自己不想走到舞台上，不愿冒着被关注的风险，他们只有一件事——坐在舞台下吃着爆米花。

所以啊，在你因不公正的评论而哭泣之前，先问问自己一个问题："谁是法官？""批评是建设性的，还是对你这个富有吸引力且脆弱的目标毫无意义地乱射一通？"

在我看来，如果这些批评贬低了我们的工作或我们的价值，而没能改善我们的工作，我们就有权利不做出反应或回应，因为他们没有任何用处，只是毒药。

当我在 LADY. TUT. BY 做编辑的时候，出版物中的人物经常要求删除文章下面的评论，以保护自己免受负面影响。遗憾的是，无论这段经历说得多么精彩，总有人会往它身上泼脏水。如果记者们已经习惯了这一点——就像习惯了他们职业中的正常现象一样，那么那些冒着风险讲述自己、讲述自己的爱好或者事业的普通人就会感到震惊。采访过后，他们问我，"为什么人们这么恶毒？""我说错了什么？"我对他们说的，同我和你们说的是一样的：不要回应陌生人的负面评论，你不必为了做你自己而和他们打架，让他们爱怎么想就怎么想，想评论什么就评论什么，这都和你无关。

想证明世界上有你，你有这样的想法，有这样的感觉，证明你的经历是这样的，证明你对美的看法，这些都是正常的。如果有人不喜欢这样，也是正常的。如果他对此发表自己的观点也正常。但把这种观点看作是一种谴责，然后在羞愧和恐惧中逃避，这是不正常的。

当在社交网络上遇到同你对立的消极情绪时，要清楚地知道人们哪些仅仅是在表达观点，哪些真心的提问是可以被回答的。记住，观点不需要给出反应。比较一下："是啊，太荒谬了，太多字了"和"你是根据经验说的，还是这是你抽象的想法？"

如果针对你的负面的观点是口头的（例如在电话中），那么最好的回应就是沉默。让他畅所欲言，尽情表述，但是如果他要直接提问，那就让他暂停。在此刻可以把它当成是噪音。第一，这种策略将使你不必在防守上浪费精力，第二，在电话的另一边最终会有人意识到一个成年人正在被训斥，并意识到这是多么荒谬。

另外当对方喋喋不休，你们俩大眼瞪小眼地看着对方时，停留在口头回答"批评"（不是建设性的评论）可以避免将不愉快的谈话转变成激烈的争吵。

你不需要向任何人证明你做了什么，你是怎样想的，或者你觉得什么有吸引力。如果你没有伤害任何人，在法律允许的范围内行事，你的选择和偏好就都与任何人无关。

多年来，我一直都生活在职场，每天都要面对愤怒、挑衅和指责。不是因为我或其他人不称职，而是因为工作性质不可避免：新闻、写作、公关是由主观和冲突驱动的领域，总是有"艺术家"和"观众"，总是有人会"在舞台上"，有人会在"观众席"。因此，重要的是要清楚地表明，你作为一个人的价值并不取决于谁在你的小说、文章或项目中看到了什么。

不应该对别人的投影负责，也不该为你触动了一个人灵魂的哪根弦而负责，也不应该为惊动了哪些恶魔来负责，这是他们的责任。假若有人用"当之无愧的批评"的名义让你心情变化、感到反胃，直接把这些"礼物"扔进垃圾桶，甚至都不用"打开礼物"。

欣赏别人对你的工作的赞美，不要把他们当作偶然的。因为我们常常忽略一百条积极的评论，把注意力集中在一条恶评上，好像只有那条恶评才有分量，其余的都是谎言和奉承，并不是这样。

因为"诚实"通常被理解为揭露，负面评论被认为是"真实的"、正确的，它们揭示了不光彩的真相。但总也有些人见不得别人成功，所以总想把别人拖下水，不用搭理他们，你无法选择让别人看不见你，所以不必害怕，也不必回应。

尊重自己对真实性的渴望，尊重自己想要拿起麦克风表现的欲望。

当你害怕、恐惧、吓得发抖、两腿不听使唤的时候，仍然有勇气说："我在这里，我能做到"。

数以百万计的粉丝后援会的建立从他们的偶像有一天决定登上舞台开始。正如德米特里·切尔内绍夫所说："你的价值首先在于自己的独特性。有一个不错的哈西德派的故事，讲的是一个叫祖西亚的拉比。死之前祖西亚问：'在另一个世界不会有人问我，为什么你不是摩西（《圣经》中犹太人的领袖）？人们会问你，为什么你不是祖西亚？'"[1]

这也是我从我花园中学到的一课，的确是否极泰来。篱笆下

---

[1] 出自于 Чернышев Д. 的《人们是如何思考的》第38页。

偶尔会有一些罕见的树、灌木和花，但这些肯定不是你种的——因为你种的种子早被鸟吃掉了，它们还在你的篱笆下拉屎拉尿。如果你把这个比喻应用到工作领域，你就能很好地理解"狗一叫，证明商队来了"这句俄罗斯谚语——尽管受到攻击和批评，你还是继续做你正在做的事情，那些愤怒的评论最终会成为你受欢迎的方式。人们越是抨击你，你的名字就越多地出现在他们耳中，评论你只会促使更多的人去接近你、了解你，从而形成他们自己对你的看法。

关于舒适区

每当我遇到"走出舒适区"的呼吁时，我就会想起一个孤独的宇航员在天空中的画面，背景是地球，并问："这样够了吗？"宇航员好像在说，"我能放松一下吗？我只是想活着，难道进入太空还不够远，我还需要更努力吗？"。

在凯瑟琳·西格托夫的书中，我读到下面的话我一点也不惊讶："舒适区"一词最初是为企业和组织创造的，是通过内疚和羞愧激励人们的一种便捷工具，它与个人发展无关，因为许多人一开始并不舒适。相反，他们必须先进到舒适区，这样他们才能有进步的空间和力量。①

　　事实上，这一概念是由美国人力资源顾问朱迪思·巴德威克在《舒适区的危险》②一书中引入的。朱迪思·巴德威克认为，当员工处于舒适区时，他们的工作效率较低，这对雇主不利。雇主的目的就是要充分利用自己的员工，这意味着雇主必须为员工们创造条件，让他们离开这个舒适区。"领导对下属的看法——领导将下属视为一种资源，这种资源可以帮领导赚更多的钱。当然这是一个非常具体的情况和观点。但这与一个人的生活有关吗？为什么他要离开舒适区？待在舒适区有什么不好的？这些问题根本无解。因为如果试图回答这些问题，会发现这个概念根本不适用于具体个人的生活"③。

　　对自己的温柔——尝试那些你发自内心想尝试的"新鲜和令人兴奋的"东西，且不是因为跟风。孩童时期常常被问的一个问题就是，"如果每个人都从房顶跳下来，你也会跳吗？"在成年人的生活中，新的声音和常识往往以惊人的方式呈现出来。

　　不想学习滑雪、不想爬山、不想做瑜伽，不想把生活当作沼

---

① 出自于 Сигитова Е. 的《幸福的秘诀——每天接纳自己三次》。
② 出自于 Bardwick J. 的《舒适区的危险》。
③ 出自于 Зыгмантович П. 的《舒适区：破坏生活的两个词》，https：//zygmantovich.com/?p=14514

泽——这都是正常的。不喜欢旅行、没有申根签,也不想去周边任何一个城市,这也很正常。如果你对当前生活的节奏、起伏和体验感到舒适,也并不寻求迫切的转变,那么别人所提出的想要改变你、使你振作或"展示生活的其他颜色"的建议都没什么用。

有人可能会问这样一个问题:对自己的温柔是完全否认任何改变生活的努力吗?"舒适区能提供的只是待在原地,能满足于所拥有的吗?"一点也不。但是,试着用维果茨基"最近发展区"这个概念替换下"舒适区"这个商业文献概念。"最近发展区"的本质是在自己还没有掌握什么技能的时候,去借助另一个更有经验的人的帮助,而掌握了这项技能以后就不需要他帮助了。

就像我们刚开始都是在大人的帮助学习骑自行车,后来就都是自己骑。学开车的时候,我们听从于坐在我们旁边的教练指示。到公司实习时,我们在监管人的监督下工作,不断地收到他的反馈。在最近发展区,我们学习新事物,我们很好地看到我们的进步,错误不会破坏我们,也不会阻止我们继续学习。

渐渐地我们对自己所做的事情越来越自信,没有压力,没有恐惧,也没有惶恐。最近发展区比舒适区要好,理由如下:第一，如果是从舒适区，我只是建议你走出舒适区，而最近发展区则会让你判定，如果走出最近发展区，你不能得到什么，你可以在别人的保护下做这件事，而不是坐在那里，目光呆滞。当你在最近发展区学习时，你会发现自己承受着适当的压力，这是一种令人愉快的疲劳。如果事情变得太困难或太频繁，那就意味着你已经离开了最近的发展区域，进入了一个遥远的发展区域，还为时过早。往回爬几层，再一层一层地爬，不要要求不可能的事情发生。

总之，我相信如果我要离开舒适区，那就是最大舒适区。因为只有从"该死的，太好了"的状态中出来，你才能充分工作，充分投入爱和创造之中。当波浪打回来时，同步的奇迹就会发生，在你还没来得及想清楚的时候，答案就已出现。

我认为我们很少处于这样的状态，当这种情况发生时，我们只是惧怕那种新奇的感觉，在舞台上也会感觉"有些事情太好了，这不可能，肯定会发生一些插曲。"然而，"之后"并不总是像你预料的那样发生一些插曲。对自己温柔——就是停止恐惧，不让自己陷入恐惧。坏并不是因为它以前是好的，而是因为它本身就是坏的。（反之亦然——如果黑条纹之后是白色的，那并不是因为你靠眼泪"乞求"，也不是因为你以其他方式与命运讨价还价，好事就是会突然发生。）

照顾自己的假期

我的朋友奥利娅，是一位长期受欢迎的编辑，她最近决定辞职。对于同事们关心的"现在怎么办？""你要去哪里？"的问题，她是这么回答的：去"休个照顾自己的假去"。嗯，我喜欢这种说法。

得到奥利娅的允许，我把她的故事讲给你们听。

"辞职这个事情不是偶然的，我决定辞职用了两年"。起初，这只是一种模糊的内心冲动，慢慢地这些冲动就变成了我意识到我只是单纯地活着，但我并没有自己的生活，只是被环境、事件和人推着往前走。我只是如同机器般运转了16年，却从来没有活出奥莉娅真正的样子——中等身材、灰色瞳孔、内向，喜欢边走边喝拿铁，不喜欢穿裙子，梦想着弹钢琴。

照顾自己的假期就像照顾孩子的假期，但这里的孩子就是我。我开始倾听自己的愿望（哪些愿望不会实现，比如拯救世界，一下子挣了一百万）。如果想说"不"就开始说"不"，而不管别人怎么看、怎么说。

现在我不是在寻找我自己,而是在小心翼翼地与我自己的"不完美,脆弱以及不同"去互动,我朝着快乐生活,这不是利己主义,这是关乎心理健康和我的幸福的。我练习简单的快乐,练习我的创造力,练习能提升我能力的东西(从零开始学习园艺、上音乐学校、烤面包、种树、做手工玩偶、缝制窗帘、去做心理治疗、享受充分的睡眠)。直到现在我才认识到什么是"进入舒适区"。

当然,这个假期在很大程度上是可能的,因为我的翅膀不仅仅是从我的背上长出来的。对我来说,最重要的时刻是在内心接受我对丈夫的依赖。在经历了童年的创伤和恐惧(这很痛苦)之后,我意识到,依靠一个值得你爱和尊敬的人并不可怕。现在我让他照顾我(我的丈夫承认他很高兴),和他一起,这也是自我照顾的重要组成部分。

我内心的战士被送到瓦尔哈拉宫殿[①]。我现在活着,而不是在战斗,我迈出了女性道路的第一步,我不追求成就,也不追求结果——一个女孩的剧本,她没有安全感,被告知要坚强地生存下

[①] 瓦尔哈拉—在斯堪的纳维亚神话中,是神的居所,被战死的勇士们所征服,他们在那里继续他们的英勇生活。

去。这是我有生以来第一次感觉很好。

这是一个从零开始,从负无穷开始的人未经请求的建议,震惊过后,如果需要重建你的人生,那就不要从寻找自己的缺点开始,而要从寻找自己的力量开始。

失败的原因总可以想象——请选择一个秘密的钥匙,选择一个让你哭得更甜的密码,之后忙忙叨叨地用解释的方式戳别人的头像聊天。但有时不得不鼓起勇气直接承认:有追逐、奔跑和挖掘自己的时间,有灰头土脸的时间,也有时间离开,站在路边吃树莓。去过自我失败的生活,放弃奖牌。

它的治疗之处在于,当我们到底、最终耗尽的同时,我们会重新发现自己是客观现实,但我们并不悲伤困惑,而是富有知觉和活力,我们又开始对自己感兴趣了。我们开始学习倾听自己,注意不舒服、追踪"我不舒服"的信号。不要用意志力把它们扑灭,不要闭上眼睛,而是把它们带到阳光下,处理这些信号的来源。

危机来临时,那些沉默的不满就如同靴子里的石子堆积如山,你无法把脚伸进去。然后,"不喜欢的东西"很快就变成了"讨厌一切"。

因此，这里还有一条未经请求的建议：为了有能力处理严重的挑战，请允许自己在没有抓手的情况下平静地放弃行李箱，放弃让你灵魂无处安放的工作。

有时我们对某一爱好疯狂着迷，沉溺其中，甚至整夜不睡，我们会做这件事到筋疲力尽，在那之后我们就会发出信号，要么慢下来，要么完全停止。这种信号各不相同——从温和的微风（我们抱怨懒惰、恶劣的天气、缺乏自律）到节拍的钟声，但奇怪的是，当身体的某些地方坏到开始疼的时候，还被认为不应该停下来，应该去挑战，要克服阻碍。这是另一个高尚的机会来证明你可以强迫自己，而你的"不想"既没有理由也没有价值。

去健身房淬炼你的灵魂，或者继续学习你早就不感兴趣的西班牙语，这不是在增强你的意志力，这是在虐待自己。同样的事情，就好比你"不想"却又去游了半年泳，或者是读一本已经看不进去的、让你作呕的全球畅销书，只因你答应过别人读完后会分享你的感受。

原谅你自己的"不完美"和"不连贯"，释放你很全能的幻想，承认你没有一百双手，你只有一次生命，你是选择你自己而不是选择荣耀。

不勉强努力

我要讲另一个故事——这次是我自己的故事——关于我如何知道不要让自己失望。以我为女性化而战为例，准确地讲，是以我拒绝为之而战为例。重要的经验是去接受自己和自己的条件"限制"，事实证明，这些条条框框的限制不是脚镣，而是力量的源泉。

女人味的话题现在被广泛利用。有很多书都写女人味可以用于改善家庭财富，吸引梦中情人，成为某人的缪斯女神，而某人将为你带来整个世界。但穿着及地的长裙，眨巴眨巴刷好睫毛膏的眼睛并不是女人味。在努力唤醒内心的女神时，没有什么是你必须暴露出来的，女人味就只是一个词。

多年前的一天，我在一次心理咨询活动上哭了，我请求"把我变成一个女孩，我再也受不了了"。"好"意味着一切都要依靠自己，从一开始就对自己感到失望，对自己的服装感到失望，对严苛的纪律感到厌倦，就像穿着厚厚的青铜铠甲，却不知道为什么没有在机场叮当作响。

我觉得自己完全错了，完全扭曲了。我想要的不是像我这么大的女孩想要的。也许妈妈们的叹息就是，你 27 岁的时候应该考虑家庭，而不是收拾行囊，穿着迷彩服，在晚上跟着吉普赛游牧明星去乌克兰洞穴，妈妈们有充分的理由这样做。

在内心深处，我知道我想遇到一个坚强勇敢的、有着冷静的头脑的男人。但我也意识到，像这样的男人身边绕来绕去的都是一些小猫，而我更像一匹马，没有什么美丽、柔弱、无助之处。

穿上我最好的衣服去约会，但五分钟后我就发现我错了，男人们还是不喜欢我。我们就是喝杯咖啡，谈谈工作，是的，仅此而已。没有一个人让我有找到了家的感觉。

我很固执：我只是更仔细地挑选衣服，更细致地画眉毛，画眼线，读心理学家推荐的关于女人味的书，研究"内在女神"……研究"简"。我没办法把自己身上士兵的影子抹去，我想打垮我自己，但这只会更加扭曲。

当另一个男人对我说："你太棒了，但我们还是做朋友吧。"我再也按捺不住了，我非常生气。

在良好的、高质量的绝望中，突破的能力是巨大的。

我对自己说，去他的（还可以说："滚吧"）。所有这些女性化的衣服，对"真爱"的渴望，以及世界上所有的"女神"都滚开吧。我不想再自暴自弃，也不想后悔自己能做什么，也不想在黑暗的夜晚绝望地哭泣。对，真的，我决定从现在开始，我不会再和我的"恶魔"们作战了——我要给他们烤饼干，挽着他们的手，站在他们身边，至少他们还知道怎么举办聚会，知道怎么喝酒。

我意识到我不是男生的性格，而是战士的性格，这一区别从根本上改变了我的态度。我性别很好，我也很好。不要破坏有效的东西，我们所拥有的一切都具有保护内部系统免受崩溃的作用。如果我觉得自己是一名士兵，那就意味着我现在是一名士兵，这就正是我现在需要的。当和平来临，我会毫不犹豫地把弹壳熔化成漂亮的纽扣，赤脚走在地上，没有恐惧，不为力量所累。

我们可以跟随，亦可以选择引领。没有人会告诉你如何是最好的，也没有人知道该如何做。该来的时候，一切都会顺其自然地发生。所以我扔掉了那些让我被引导以获得快乐的书，停下了心理治疗，买了一件军用风衣，并为自己制作了一个陆军纪念徽章，写上"纪律让你自由"。

给自己不舒服和任性的权利，不用为自己盔甲发出的嘈杂声去道歉；被人要求的太多，就赶快离开，从最开始你就知道这人是个混蛋的时候,就不要给他第二次机会。

我发现我的内心充满了那梦寐以求的力量和活力,我突然意识到我很强大,没有另一半也能让我变得更好,我不怕独自一人,我有事可做,我有我自己。

坚强的女人看着那面哈哈镜,不会靠窗哭泣。

除非你学会对自己的缺憾而诚实,除非你开始欣赏和珍惜自己的与众不同,除非试图改变自己,否则你很难让别人成为任何人。

被困在一个所谓"正确"的形象,没有选择和犯错的可能——这是一个难以置信的沉重负担。好消息自然是:我们是灵活、可塑的,如果我们被压住了尾巴,我们也可能会像蜥蜴一样冒险把尾巴断掉。改变是正常的,改变我们看待世界的角度并不可耻。

从狭隘的世界观中成长总是令人兴奋。

我们可以尝试不同的方法,尝试不同的思想体系。进入及膝或及踝的河流后一头扎进去，再尖叫着从水里出来，重新寻找游泳的地方。没有人有权禁止我们自己选择要喝哪的水，也没有权把我们扔到水里"教我们游泳"。这不是教我们游泳，这是教我们害怕和不信任，即使将来口渴难耐也不敢靠近任何水域。

我不喜欢也不想，这很重要

通常很难知道自己想要什么。画面并不清晰，也没有清晰的轮廓。米开朗基罗的原则是"移除多余的石头，将雕塑家的理念释放出来"。

意识到在你的坐标系中什么是多余的，不喜欢什么，不抵制什么——这不单是一份感谢认识自己的工作，更是在设定目标，制定愿望清单。

在这方面，我想起了我生命中离婚后约会的那段时间。我可能没有明确的概念说我想认识谁，但每次约会失败后，我都更清楚我不想认识谁，他们什么样的品质妨碍了我，缺乏那种品质是我难以原谅的。

换工作时也会发生类似的事情。被解雇时，你清楚地知道为什么，这意味着在一个新公司的面试中，提出的那些问题的答案对你来说很重要,这样就不会重蹈覆辙。这类谈话是对"适不适合"的相互测试,而不仅仅是从潜在雇主的角度进行的能力测试。

  所以,为了弄清楚你想要什么,列出你在工作和生活中讨厌的东西。别犹豫,好好哭一场。也许正是通过这种爆发,你才会发现自己被边缘化,并通过"厌恶"来定义自己的世界观。即使你仍然不知道你要去哪里,你也会清楚地知道你不需要去哪里,远离什么和最好远离谁,这样就不会像笑话中那样:"老鼠哭着咬仙人掌,但还是继续吃仙人掌。"

温柔指南

1. 如果不想"更高,更快,更强,更多",那就接受并原谅自己。从这一刻起,可以自己选择成为什么的一部分,相信什么。

2. 如果生活不再反映你是谁了,那就不要害怕改变自己对生活的看法。想法要服务于它们出现的时间。复古的衣服在有些场合下异常美丽,但作为一种日常服装,它不切实际。

3. 听到"应该"的时候,问问是"谁"要应该。"应该就是应该"的公式说的是命令,而不是自由选择。即使有纪律,也可能行不通:如果纪律变成了对自己的暴力,那么就会有这样的问题:你到底是为了谁这么做的?为了得到谁的赞扬和认可?为了保护你免受谁的攻击?

4. 不要忘记"失败"的故事,这些故事可以作为有价值的警示,可以让你避免在危险的路上和死胡同中徘徊。

5. 相信你自己比任何人都更清楚你需要什么。其他人可以指点、引导、吸引你，但他们不是你，不需要忍受他们强加给你选择的后果。

6. 如果不喜欢某样东西，就把它看作是你可以更好地理解自己边界的点，看作是自我的重要组成部分。

7. 庆祝别人的与众不同。你越少想要其他人和你站在一边，你的行为就越容易，你对别人回应的依赖就越小。记住，你不必为谁被你的勇气所震撼而负责，也不必为谁心中泛起的涟漪负责。

8. 不要喝"毒鸡汤"：你有权毫无顾忌地惩罚任何想针对或污蔑你的人。删除他们的评论，不必去想这是否违反了他们的"言论自由"权利。不管是朝空中开枪，还是朝你开枪，如果想活着，就不要让持枪的人进入你的领地。

当你不再梦见跌倒或飞翔时,失眠就会占上风。失眠从皮肤里爬出来,假装自己是不可战胜的,现在失眠真的做到了。但是,也有人说,金属有时候都会疲惫,恐怕我没有金属强壮。

——克谢妮娅·捷卢多娃

第七章　身体

我常常讲"全然做自己"的重要性，即与自己完全保持一致，你在你自己的身体里感到舒适。当照镜子的时候，你会意识到你既不会形象崩塌，也不会为了隐藏或掩盖什么而竭尽全力。

当你全然地做自己，你不会有被揭穿秘密的恐惧，也不用害怕别人将你带到清水前，不用害怕别人知道你有化妆，也不用担心没有好看衣服加持下你是另外一个样子，是比较糟糕的。你喜欢化妆，但不化妆就出现在公共场合也不会让你害怕。外在反映了内在的东西，但不能取代内在；外在只是内在的延续，而不是内在的开始。你的外表是你选择向世界展示自己的方式，但并不能告诉世界你的一切。

关于接受自己

身体讲述了我们生活的故事，身体以每个喜欢阅读时间信件的人都能理解的符号来讲述：细小的皱纹，指关节上的血管。

当下很多人都在谈论接受自己的重要性。如果你能说"我接受任何一个样子的我"的话，那就太好了。我甚至有点嫉妒那些因此而受益的人们。

但这对我没用，因为如果我感到身体不舒服，或者我觉得身体很重、很笨拙，或者是这身体仿佛"不是我的"，那么对这些视而不见就没意义了。我认为这些受遗传、年龄和身体经历（怀孕、分娩、疾病、创伤）的制约，但我不接受草率地对待自己。比如，你吃得太多，不是靠身体的信号，而是靠习惯。

如果积极的自我健身训练也不管用，那么欢迎来到人群俱乐部，这些人的身体并非一团和气，也不是那么和谐，但使出浑身解数维持稳定。

在这种情况下，温柔对待自己就是承认你并不是你看上去的那么无所谓。但有时候还是会以"这松了，那肿了"为借口，嘲笑自己一番。

承认并注意到这一点。关注并倾听自己的痛苦。对身体的不满就像一个占据了大量内存的程序，它虽然在后台运行，却干扰了其他程序的运行。

所以如果你不是这样，就诚实地承认，而不是强迫自己爱自己，接受自己：

第七章 身体

"听着,我想我们有麻烦了。让我们在麻烦大到无力承受之前解决这个问题,好吗?"

然后是例行公事,无聊、但充满感激的工作:清理你的头脑和心灵,为清晰和爱腾出空间。"我不喜欢自己的什么地方? 为什么我觉得它不漂亮? 我是什么时候有这个想法的? 谁先进到我身体的? 为什么我会相信? 我做了什么(或没有做什么)来改变什么? 我能向谁寻求帮助和支持?"

接受自己是平静地对待身体的变化,而不是寄希望于它停留在表面上的完美状态。这就是要相信身体即使没有我们的监督也可以做得很好,可以适应发生在我们身上发生的一切。

身体是同盟者和保卫者,而不是敌人,也不是疯狂的小丑。

如果给自己一点时间,且考虑自己身体的话,是可以和身体达成协商的,而不是让自己陷于停滞。

与身体和谐相处也并不意味着完全接受,但至少不再是一场战争——极度节食和高强度锻炼已经到了极限。剩下的只是对自己的一些不满——但你要小心翼翼地想办法在枪走火之前减轻压力。

简单的事实给我留下深刻的印象：为了感觉良好，无需去做一些事情，只需要不去做这些事。是的，至少当身体说"够了"的时候停下来。

然后就会冒出这样的想法："你做了什么让自己看起来这么好？"

"我什么都没做。我没有做任何损害我自己的事情。（如果你每天早上跑步，那一整天都会很好，因为没有什么比早上跑10公里更糟糕的了，你不会出现这种状况的）"。

对自己温柔并不意味着要采取强硬的方法——强迫自己去做你做不到的事，强迫自己去吃不好吃的食物，运动到感到疼痛为止，将食物强行区分出"好"或"坏"。当你因为"不够努力"而感到内疚时，你很难对自己温柔，也很难避免痛苦。痛苦并不是完美的先决条件，也不是没有痛苦就没有目标。

按照计划吃饭和训练是正常的。你可以自己练习，无需感受痛苦，无需记录，当失去兴趣和欲望时，尝试不同的东西或者放弃，或者什么都不尝试。

我相信避免把简单的事情变得复杂是明智的。但是，你完全有权利训练、进食和以不同的方式对待自己的身体。因为这是你的身体，是你的生活。

照顾身体的简单方法

在接手新事务，被叫去帮助别人或者参与一个很有吸引力的提议之前，先检查一下你已有的能力水平。记住，总是可以花时间去思考和修正你的能力。

穿舒适的衣服——不压迫，不刺激皮肤，摸起来很舒服。当选择早上穿什么衣服时，你可以选择今天想要的感觉——柔软、温暖、舒适、性感还是深色？

把衣柜收拾一下。把任何让你的身体感到压抑、挤压、窒息的东西都处理掉。皮肤细胞可以自我更新，但衣服不能。但是因为衣服在某种意义上是"第二皮肤"，所以要注意衣柜的卫生。扔掉不适合你的东西。

把过去的自己藏在壁橱里是无益的。

这就仿佛是你不允许自己成为现在的自己，轻视了现在的自己。东西就只是东西，即使是最漂亮、最昂贵的东西。东西被创造出来就是使用的,而不是用来顶在肩膀上的,你要庆祝生活,就要在生活变得足够坏之前去庆祝。

不要伤害自己。这说的是关于不健康的小选择,它们带来的影响就像用小指敲门框一样,虽然不是致命的,但却是令人不快的。在大多数情况下,我们很清楚什么对我们的身体有害,伤害过后还需要时间来恢复。身体会清楚地表明头痛、恶心、过敏、胃灼热、疼痛、水肿、胃病。防御机制像时钟一样工作,从不出错。

就像一个每天喝5到6杯咖啡不为提神、只为了减肥的人,就不理解那些只在早晨喝5—6杯咖啡的人。但是,当我开始写这本书的时候,我已经严重失眠有几个月了。这很伤人,因为当你努力工作的时候,你就想睡觉,睡觉只是为了娱乐。我试过很多种安眠药,但它们只会让你的头很重,让你的大脑一团乱。然后我丈夫说,"嘿,你不看看你一天喝多少杯咖啡?"就在那一刻,我真想用铲子打他,因为我喝了一辈子的咖啡也没失眠,我的失眠肯定有别的更严重的原因。

但我想我只是忘记了我不再是18岁。当我煮了一壶咖啡喝的那天,我像郁金香一样,甜美地睡了一整天,还睡得很香。

不让别人把意志强加于你。如果不想的话,就不要勉强把盘子里的东西都吃完。不要为了"支持公司"而被劝着喝酒。如果你不喜欢甜食，即便是非常有名的蛋糕，也不用勉强自己吃"哪怕一小块儿"。早睡比什么都强，不要理会"童年时光"的笑话。不要不好意思事前说清楚那些你不吃的食物或者你过敏的食物。不要讨论或批评你的饮食习惯——吃了多少，多长时间吃一次，为什么吃。

尊重自己的身体节奏，因为就算你强迫自己，这项工作也不会做得更快。安·布罗德说得很好："加速任何事情都意味着会加速另一个事。你不只是想要做点菜吃——你是切菜还赶时间。不只是收拾行李，还要快速地收拾行李。不仅要铲雪，还赶时间。事实上，你也没有做更多的事，只是徒增了压力，只是强化了喜欢加速的习惯而已"①。

当你的身体处于非正常的节奏——比正常的节奏快或慢得多的时候，你的感觉会很好。通常情况下，成千上万的事情发生时，电话会响个不停，商务会议永远不会结束。

但如果因为不记得今天是星期几，或不记得昨天做了什么而变得越来越心烦意乱，那么你的记忆能力很可能已经被虚空

---

① 出自于 Броуд Э. 的《身体智慧指南——了解你的心灵需要什么》的 145 页。

吞噬了。

可以让自己停下来，什么都不做，也别着急，慢慢开始沉寂，此时只有自然的心跳和呼吸的节奏，而没有世界疯狂的节拍。

研究自己的身体习惯。翻看你幼儿园、学校、大学或最近的公司聚会上的照片，设想这是你第一次见到自己一样。把自己放入空间里，注意看你的眼神、姿势和你微笑的方式。在集体照片中，你是躲在别人后面，还是总是坐在前排？你是否曾经把头侧向一边、转身，或者踮起脚尖让自己看起来更瘦？当你和某人合影时，你是抱着他们，还是牵着他们的手？

这将帮助你了解自己在拥抱、表现出自信和平静时身体层面上的行为。固定的身体习惯没有什么错，但这是一个很好的分析材料：为什么会出现习惯？有这些习惯你舒服吗？你是想改变这个习惯，还是想让这些习惯成为安全和保护源？

有意识地关注这些细节，你会发现日常生活中诸如开车、坐在电脑前、做晚饭时的那种不必要的肌肉张力。注意到这些细节并温柔地回到当下，放松肩膀和下巴。

如果侵犯到你的身体界限，请讲出来，不要忍受不舒服。如果有人离你太近，或未经允许触摸你的头发，搂你的腰，拨弄你衣上的扣子，或弄乱你的首饰，你就退后一步。我们所有人都不尽相同：有些人喜欢身体接触，有些人甚至不接触也有社交障碍。请微笑着、温柔地指出你不喜欢的东西。如果你害怕显得粗鲁，你可以补充一句："对不起，我有这个问题"。

通过不同的感知渠道探索世界。有时，由于疲劳、过度劳累或情绪冷淡，人们的敏感度会降低。没什么能让你兴奋、害怕，或者让你惊喜，更没什么能引起你的兴趣。基本上，你不在乎盘子里的食物是什么样子，穿的是什么，睡的是什么床单，工作椅是否舒服。若这不是一种需要专家治疗的抑郁症，我们可以试着用下一个练习来恢复自己的敏感性。

选择一个感知渠道（视觉、听觉、嗅觉、触觉、味觉），然后专注于它带来的东西。例如，在专注于视觉时，注意颜色、形状、图案、透明度、饱和度、色调、不寻常的组合。记录你对他们的反应，并说出来。这不需要连贯的文本——只要一句话，甚至一个词，如："刺激""吸引""美丽""难以理解""想要触摸"等。

五天后，你将拥有自己的"储蓄罐"，存储自己的气味、声音、颜色、形状、质地和口味。向它们走去，靠近它们，它们会让你的生活在情感上更丰富，让你的生活更稳定、更强大。

和朋友一起去洗澡。去公共浴室。最棒的是，可以看到真实的身体，未经 ps 的，不完美的、不同的体型和年龄的身体。娜奥米·沃尔夫再次回忆道："现代读者不知道 60 岁女人的脸在照片里是什么样子的，因为她在杂志上看起来不超过 45 岁"①。这样的经历教会我们看到时间如果穿过我们并留下痕迹，要学会庆祝。不要惧怕差异和不同，不要惧怕未经修饰的美。

当你做决定的时候，和身体商量一下。当你需要做出决定的时候，有一种很好的方法可以依靠身体感觉，但你不知道这对你来说有多真实。在这种情况下，在精神上决定你要做什么（例如，如果你怀疑是否辞职，告诉自己：决定辞职），下定决心，无条件地。就好像没有其他选择一样，不带任何疑问。之后你可以在这个决定中生活一两天，甚至一个星期（决定越严谨，时间就越长）。不要改变你的行为，不要做任何决定，也不要告诉任何人（这很重要）。令人惊讶的是，很快你就会感觉到自己的身体开始反应，要么会感到一种强烈的内心同意（"是的，这是正确的选择"），要么会感到悲伤、悲伤和遗憾。另一种可能是，选择似乎已经用尽了，对某件事的渴望也会消失，一切都很好！

---

① 出自于 Вульф Н. 的《美丽的神话——困扰女性的刻板形象》的 125 页。

不要忘记取悦自己的身体

我讲了很多关于保护能力的重要性，但没有必要把它变成一个目标——你所做的就是省吃俭用，寻找其他地方来保护自己。人类不是一个陶瓷碗，需要丢掉嘉年华精神、博弈精神和健康的竞争精神。

即使疲劳至极，我们也能恢复元气，重新点燃成千上万个灯泡——最重要的是，不要忘记给自己充电，让自己开心。

当然，也可以躺下，等感觉好点，但盯着天花板看迟早会觉得无聊。这时，身体期待的不是静止，而是行动——这是一种有趣的、令人兴奋的感觉，会让你兴奋不已。然后你的第二次呼吸就打开了，你用一根无形的线连接到慷慨的灵感来源——力量来了，感觉来了，正确的想法来了。

那么，有什么能帮助恢复体力和恢复对生活的渴望呢？

养一朵"关爱之花"。

可以在花店或花园中心（通常是在大型购物中心）找到它。在架子之间徘徊是一种难以置信的快乐，就像在天堂一样，呼吸着鲜花和香草的香味，对各种形状和色调感到惊讶。试着在散步中找到一种叫"你自己"的植物,当看着它的时候,就好像看到了你的孪生妹妹。把这朵花带回家,放在最漂亮的花瓶里——从今天开始,呵护它、爱惜它、珍爱它。让关爱之花提醒你"温柔地抚养自己"是多么重要——你同样需要适当的照顾、及时的浇水和营养丰富的情感滋养。每当你给花浇水或喷水的时候,就问问自己:照顾自己多久了?吃了什么好吃的?让谁来照顾你?

保持快乐雷达畅通。

无论你走到哪里,无论你在哪里开会,无论你在做什么,都要找到让自己开心的事情。比如:好喝的茶、新书、赞美、香甜的空气、美味的食物、有趣的袜子、自发的舞蹈、让人兴奋的相识……这是一种快乐,而不是回报。仅仅因为你就是你自己,你就喜欢快乐。想象一下,每次让自己开心的时候,内心的灯就会亮起来。

相信我,你的眼睛会看到你那快乐雷达柔和温暖的光芒,你的快乐雷达也会让别人开心的。

定义"充电站"。

充电站可能是一家走进来就会忘却时间的书店,也可能是朋友舒适的小厨房、妈妈的小屋、奶奶的农场，或者是咖啡厅、外卖站的一个小角落。咖啡师晓得你叫什么。你会很容易融入某一个巨大的购物中心、公园或海滨的"私人商店"，或者是去一个亲人的墓地，在那可以安静地讲述新鲜事、低声诉说或哭泣。

在"有力量的地方"，时间似乎静止不动，世界的苦难似乎正在消退。没完没了的工作、必须要做的事情的喧嚣至少在一段时间内都会成为杂音。事实上，你在有力量的地方过得很好。

温柔指南

1. 每个身体都有故事,承认自己的故事。不用让自己"爱"自己——爱这个正常的世界就足够了。

2. 远离那些认为疼痛和疲劳是敌人的人,也远离那些要求在训练中把自己榨干的人。认为身体是懒惰的动物,需要纪律和严格的控制,这是疯狂的。

3. 第三种选择是身体的过程,而不是良心的问题,专注于快乐的原则,而不是"先疼,然后好"。要让"好"一直持续下去。

4. 研究不勉强自己的方法,鼓励同身体建立高质量、充满温度的联系。

5. 让自己开心,点燃内心之光亮。

我有足够的快乐……

城市弥漫着食物、雨滴及来自火车站的煤的味道，房子门口有抵御所有不速之客的围栏，温暖的厨房里所有人都有点醉了，吃得太多了，阁楼里有安静的燕子，几把编织物，院子里有用小块布做成的吊床。

——克谢妮娅·捷卢多娃

第八章 空间

……深夜，天空星光闪烁，蒙上了夜晚感伤的色彩，我往保温瓶里倒满了加奶的咖啡，穿上有厚实内衬的厚重大衣，坐在门廊的台阶上，闭着眼睛，呼吸黑夜的气息，沉浸在夜晚的各种声音中。

三年前的冬天，我和丈夫离开明斯克，搬到森林边上的地方生活，烧壁炉，赤脚走在咯吱作响的木地板上。虽然一屁股债，但至少知道了自己是为了什么生活，我们并没指望生活会很容易，但却确切地知道一切都值得。

某个星期五的深夜，当我们带着所有杂物和行李搬进我们的——对，已经是我们的——房子时，有一种强烈的感觉：这房子就像是被逮捕前夜匆忙离开时的样子。接下来的几周，我们把数吨（确确实实是数吨）没人需要的东西搬了出来：衣服、鞋子、小饰物、餐具、瓶瓶罐罐、塑料块、破旧的花瓶、毛巾、废布、挂衣架、杯子、小瓶子、小雕塑、画作、断了耳朵的花园小雕像、地毯、管子、过期的洗发水、扣子和剩余的布料。

甚至是化了冻的肉，都有味了。

我们冲刷、清洗、抠刮、剔泡、擦干、拭净,再次冲刷、清洗、抠刮、剔泡……我手都泡裂了,脸也因频繁接触灰尘而肿胀,开始脱皮。有一次,我直接躺在地板上,紧紧抱着我的八个月大的孕肚,哭了起来。这不是失望或愤怒的泪水——而是疲惫的泪水,介于歇斯底里的笑声和哀叫之间。

帮助我们坚持下来的原因是:我们有一个美丽整洁的花园,还有一座用深厚的爱建造的坚实房子,外观只要有钱就换,重要的是内在及其本质。

我们在各个城市和村庄四处奔波,重新办理过户,变更了身份证件上登记的地址,新签了水电煤气合同。我们去了建材店,搜寻床垫、床、冰箱、洗衣机、灯具、新插座、墙纸和必要的维修工具。

丈夫萨沙下班后便开始接着进行后续的工作:拔下墙上的钉子,拆下不必要的电线,安装锁、灯具和卷帘窗帘,不停地修理、拧紧、挤压、裱糊、涂硅胶、灌浆、用砂纸打磨、上油漆。总之,他尽力让一切都不再吱吱作响、不漏风、不晃动,让我们不会被刮伤,也不会让东西摇摇欲坠。

这个家急需男性有力的帮助和关照。对于诸如"你们怎么样?住得惯吗?"的所有问题,我总是回答:"我们已经累坏了"。

但同时我们也很幸福。

清理、洗刷后的房子变得极其宽敞,仿佛从梦中醒来,从虚无中走出来一般,被注入新的生命,房子里添置了很多礼物:贴着旧邮票的相册、有童年时的书籍、还有马林果果酱。

我们明白了:这个房子接纳了我们。

房子的守护神对我们表示感谢。

直到现在,这个房子都在教我们要勇敢,不怯懦。

在这里,生命和死亡总是并存——鸟儿有时会撞到窗户,蜗牛排着队,像阅兵样穿过后院。春天,我会清理树叶和烂苹果,花园里篝火冒出的烟气渗透到我的肌肤里。

我用了很长时间才习惯于像现在这样大声说话。我从来没想过这是我有一天要学习的事。

在孩子出生前不久,我们的朋友来看我们。他们在这里留宿,在厨房里忙前忙后,踩着地板吱吱作响,四处走动。而我站在浴室里,看着到处散落的物品、看着旁边杯子里别人的牙刷,感到如此温馨,如此真挚的柔情,令人哽咽得说不出话。

很多人劝我们:为什么要去乡村?你们想干什么?你们要是想住在农村需要有双巧手,你们是城里人(也就是说,你们的手很明显干不了农村活),你们在农村是过不好的,"放弃愚蠢的想法,贷款买一套公寓吧。"

但我们不想要公寓,我们一直想要楼房。

历经多年,看过数十栋房子,行驶数千公里,做过数小时的谈判和讨价还价,输了五次土地拍卖,历经两次失败的交易,我们终于找到了这样的楼房,房子很像我们,但它又不单单是我们的房子,它变得越来越像我们的家。现在,春风不时在烟囱里呼呼作响,水声在耳畔滴答,黄色的灯光柔和闪烁——这一切都牵动着我们的喜悦和忧愁,是我们的责任区。我们需要修缮它、照顾它、发展它。我们将在这里醒来,在这里生活。

正是在这里我意识到我们生活的空间对我们的感受有多么深刻的影响。我们周围看到的颜色,听到的声音,闻到的气味,所有这些不仅塑造了我们的审美感,也塑造了我们自己。

它们可以让我们更加激进或更加平和,放松或紧张,激励或压抑我们的情绪。

与我们共鸣的空间对我们的支持和帮助的重要程度,怎么估计都不为过。

在之前的章节中,我写过"力量地"及其在恢复我们的力量方面的作用，而在这一章中，我想强调为自己创造的空间安置附属设备，摆脱不必要和不喜欢的东西，创造无需防御的环境的重要性。

越少越好

温柔对待自己需要有一个空间，就是字面上的意思。请给柔情留出空间，摆脱那些除了占据空间外，与你毫无关系的多余物品。它们从你那里偷走空气，积累灰尘，最终自己也化为了尘土。

这些东西有：

不再联系的人留下的物品，它们没有任何实际意义，却被存着：比如，五年级时某个喜欢你的男孩送你的毛绒玩具，营地里背叛你的朋友写的信，因为积极参加废纸回收而获得的陶瓷小狗等。还有那些与你多年前吵架而成为"死对头"的人的照片。

化妆品、日用品、药或已过期的食物；

所有你成长过程中的东西，或者曾让你痛苦的东西。衣服、书籍、桌游、拼图、手工材料（如线、纱、布料、彩纸、颜料、铅笔等）、不再使用的体育器材（例如我曾经有一个从"网上商店"买来的用于扭转的器材,庞大无用)。

不讨人喜欢的礼物。当送给你的东西是对方随手拿的东西,强迫你接受,或者所送的礼物迫使你接受相异的世界观或风格时,这些礼物就是不讨喜的。宗教书籍和神秘主义书籍,沉闷的冬季风景画,民族风的稻草人,绘有霍赫洛玛装饰画的木盘子——如果这些东西不能让你开心,那就不要折磨自己,强迫自己看它们。不考虑受赠者兴趣的礼物,尤其是在家里放置、为内部装饰带来明显变化的大礼物(如挂在墙上的画、地面上的花瓶、带盆栽的棕榈树或窗帘),都是"善意的伤害",是以美好意图粉饰的暴力行为。

损坏的、不能再修复的物品。如果物品的使用寿命到了,最好怀着感激的心情丢弃它,而不是目睹它的挣扎、死亡和分解;

所有那些买来备用或者免费得到的多余物品。作为曾经历过物资短缺和凭票领取食品的时代的人,我知道这种恐惧感——"趁着有,赶紧买,要不就没有了"。但是需要记住:无论我们带什么东西回家,从那一刻开始,我们都要为"维护"它负责。我们需要为其留出空间,然后照顾它,操心它的安全,最终——费力思考如何对它进行环保的利用。

这让我想起在游泳池里听到的两个老太太的谈话:"星期六我

去了国营百货商店,东西打八折,但一切简直是一场噩梦,人们疯狂扫货——毛巾,桌布全部被抢空了!没留下任何东西!我很失望,最后只好放弃了,给自己买了一个冰淇淋。""打折的吗?""不,在街上买的!"

我认为这种清仓和促销策略是最正确的策略。

如果是我们喜欢的东西,那就完全不同了。

第一类是由贵人赠送的东西,第二类是自己手工制作的东西,第三类是旅行后带回来的或在火车站小店买的东西。当我们使用它们或单单看着它们时,都能感受到:它们爱着我们。我们可以信任这些东西,它们永远不会让我们失望。任何损坏,更别说丢了,都是真正的不幸,由此带来的悲伤就像失去亲密朋友或珍贵物品一样巨大。

对我来说小时候爸爸送给我的小瑞士折叠刀就是这样的东西,以后有一天,我会将它送给我的孩子。还有我的白金订婚戒指,它随着时间的流逝生锈。还有我的盘子。我们家的盘子各种各样,有些来自遥远的国家——越南、伊朗、黑山、以色列、科西嘉岛。它们不是纪念品,没挂在墙上,也不是收藏品,无需小心翼翼地呵护,它们每天为我们的生活服务,并且每天为我们的家庭带来快乐,有时也会被打碎。我们用它们吃饭,用它们盛馅饼、三明治、面包，装自制奶酪，还在里面放樱桃核，有些盘子上还出现了裂痕和缺口——这只会让它们更有魅力。

你是否有这样的东西呢？

我的家，我的规矩

列娜穿着拖鞋在家里走来走去，尤拉则喜欢光脚在家里走来走去。塔尼亚喜欢拉上窗帘，奥克萨娜则喜欢没有任何遮挡的落地窗。萨沙在大床上睡觉，而对热尼亚来说，在地板铺上床垫就能睡觉了。拉丽萨喜欢抱着别人睡觉，而奥利亚则需要在睡觉时周围没有人打呼噜。安热莉卡·维塔利耶夫娜极其喜欢用挂毯来装饰墙壁——但她的孙女认为这过时了。阿尼亚需要一尘不染的清洁，而娜塔莎家则淡然对待灰尘和碎屑。

这个列表可以无限延续下去。

没有不对的房子——只是客人带着自己的规则和自作多情的建议来做客。

例如，在我们家不欢迎攻击行为，无论是主动的、被动的，还是无心造成的。我喜欢孩子们在家里奔跑，门口堆满鞋子，喜欢周围充满热闹声，因为这是家，而不是博物馆。但我不允许孩子们打碎、摧毁和破坏物品，也不允许成熟的人发表"有价值的命令"来告诉我们需要改变或完善什么。家首先是让人心理舒适、安放我们的脆弱和保障我们安全的地方，而不是需要战斗的地方。

你确实有权要求在你家里遵守某些规则，并且无需因此就认为自己令人讨厌。比如，我姑妈让在她家里的所有人都穿拖鞋：不是因为她担心客人会不会冷，而是因为她担心她的地毯。有人不容许客人自己洗碗（之后还得重新洗），不容许摔门、触碰架子上的收藏品、未经允许乱翻书柜或要求从饲养箱中拿出家养的蜘蛛来抚摸。如果孩子们在沙发和床上跳来跳去或在房子里拿着食物乱跑，有人就会不高兴地瞪眼。

一个读者告诉我："我们家有一只狗，在最初的十分钟左右不能抚摸它——它会兴奋地尿出来"。这些细节是无法预知的，所以能事先告知这些细节是很好的，这样可以帮助大家避免尴尬。

还有一种情况是，当你带着孩子去别人家做客时，你会为别人的财物和猫担心，会不停地拉扯孩子（"不要碰！别弄坏了！离花瓶远点！"）。邻居列娜向我展示了该如何做，才能让每个人都感觉良好（包括孩子）。

我儿子开始在她的花园里跑来跑去时，我跟在他后面大叫："小心！当心脚下，不要踩到玫瑰花！"然后列娜阻止我为这些琐事奔忙，她说："你说得太多了，如果他做蠢事，我会告诉他的"。

所以，小窍门很简单：为了不让孩子的破坏性行为引起更多的喊叫声，请让房主自己为你的孩子设定许可范围。通常，孩子们更愿意听叔叔婶婶的话，而不喜欢听父母的唠叨声。

如何让空间充满温暖和温柔

在显眼的地方放上对你重要的字句，可以是标语、明信片、海报、贴画、亲手用粉笔写在石板上的文字、从杂志剪下的短语拼贴等。不要使用那些物品上常见的、却不能反映你的世界观的字句和标语（这些句和标语通常出现在杯子、睡衣、厨房毛巾、围裙、挂历等物品上）。

使用暖色的灯。冷调的灯光让我们联想到医院、诊所和其他可怕的场所，那里蓝光闪动，让人联想到死亡，在家里创建这样的环境——这是真正的惩罚。

设置适合自己的光线。不要节约，也不要盲目地追求亮度。如果顶灯不够亮，可以使用壁灯、地灯、台灯、聚光灯、灯串等，如果你不喜欢昏暗的环境，那就不要像鼹鼠一样生活，这会让人感到极度沮丧。

点亮烛光。这样做只是为了让自己开心。请购买那些让你当下感觉满足的颜色的蜡烛，至于香味就选择让你觉得幸福的香味。

发现同色系物品的宁静美。浴巾、浴室地垫、存储箱、床上用品——所有这些都可以使视觉上感到简洁。我认识一些人，他们必须把洗发水、沐浴露和洗涤剂上的标签撕掉，因为他们对花哨的标签感到愤怒。这在某种程度上类似于把吃的倒出来，从工厂包装中倒入家庭容器（如玻璃罐）中。这样更美丽、方便且实用——你可以一眼看到东西放在哪里，它什么时候快用完了。

让自己周围都是天然的东西。石头、木头、黏土、黄麻、棉花、亚麻和麻布等的物品摸起来都很舒服！柳条编织的篮子确实比那些"一元店"里的家庭用品里的塑料篮子更昂贵，但只要你拿起来，你就会喜欢上这些柳条编织的篮子。

购买那些能让你实现关于家的梦想的物品。住在租的公寓，我梦想着能有一张长毛地毯，而丈夫则梦想着有世界上最大的床。但不知为何，我们依旧铺着漆布，睡着旧沙发。不要像我们这样。

信息空间的整洁

在处理好物品世界之后，我们需要关注另一个重要的空间——你生活着的信息领域。温柔对待自己——这意味着要从社交媒体上清除那些与你关系不大的信息源，以及调整社交媒体上广告的设置。

以下是如何在混乱的社交媒体中整理出秩序的几个想法。

不要加陌生人为"好友"。如果有人想了解你的近况，可以看你的动态，加他"好友"了，你就会在自己的动态中获取他/她的近况、照片以及有关周五在城市酒吧里奔波的详情。

从"朋友"中删除那些你不再联系、已经完全不记得对方是谁的那些人。你未必会真正关心与你很久之前一起划皮艇旅行的人的生活。如果你担心将某人从"朋友"中删除，但以后可能还需要他，比如，在工作上可能需要他——那么，任何一个社交网络上都总有一个搜索栏：两秒钟——你们就又联系上了。就像钥匙串一样：可以拴着所有房间和储藏室的钥匙，也可以只带需要的钥匙（而储藏室的钥匙可以挂起来，你知道在哪里找到它们就行）。

　　有时候，为了重新感受来自具体某个人的信息审美能力，屏蔽他们的朋友圈也许会有所帮助。当你朋友的生活中发生了对他来说重要的事情，并且他一直刷屏，不停地用一样的话讲这件事的时候，你就可以屏蔽他们的朋友圈。短暂的屏蔽将使你免受烦恼，直到他冷静。也许取消屏蔽时你的状态也会改变，他发布的内容将不再让你感到情绪化。但是不要浪费精力，在内心嘀咕："必须弄清楚为什么会让我受到影响，这到底是什么！"如果你现在处于低谷，他人的消息给你带来痛苦，让你失衡，那么，请不要用这样的分析折磨自己，只需将那些令你痛苦的东西拿开，哪怕只是将其暂时拿开。

　　取消邮件订阅列表。在邮件末尾通常有一个几乎不可见的特殊按钮，如果没有这个按钮，则可以将该邮件标记为垃圾邮件，然后来自该地址的邮件将自动发送到垃圾箱中。

　　退出让你失望的页面、频道和聊天室。一定要关掉消息提醒。否则，你会为没完没了的消息提示音而发疯。

　　如果某人在社交媒体上的动态或帖子让你感到生气，那就隐藏这些动态，不看这些帖子，但仍然与这个人保持"朋友"关系。这一行的英文设置名是"mute"("隐藏"),可以分别隐藏帖子或动态(也可以同时隐藏两者)。

在社交媒体中依据自己的兴趣设置广告,隐藏不愉快的广告帖子(可以选择隐藏某些具体的广告帖子,也可以选择"隐藏来自……的所有广告"——这样不喜欢的一些帖子将不再出现在你的动态中)。

温柔待己——就要极其认真地构建自己的信息领域,使其像家一样:干净、可持续、安全,未经邀请不得入内。

温柔指南

1. 相信自己的品位,珍视它——毕竟,没有人比你更了解如何填充空间,以使它支持和滋养你。

2. 让你被自己喜欢的事物包围,摆脱那些试图把自己的想法强加给你的东西和人,无需有内疚感。

3. 免费但无用的物品只能带来短暂的愉悦,之后与它们一起的生活将令人厌倦:需要打理它们(至少要清洁它们上的灰尘),它们占据了空间。

4. 不要害怕向客人讲明你家的规矩——正常人不会觉得麻烦。最好在一开始就明确你家的规矩,而不是之后一直编造美好的借口来解释为什么不邀请某人来做客。

5. 不要忘记关心信息空间。用温柔的心态来发布动态——它可能很简短,但是里面绝对不会有令人恼火或无聊的东西。

……她听到有人说"我爱你",她伤心地望着窗外,

她想说"我不爱你",然后就跳到鸿沟的另一面,

但她却说"你很好,但是……"

她把这个尴尬的局面

变成了一个残酷的局面。

——克谢妮娅·捷卢多娃

第九章 交流

交流时，明确地、不含歧义地表达请求和愿望是一项困难但值得付出的工作。暗示和期望别人猜测你想从他那里得到什么，会使通往结果的道路变得更加艰难和漫长，有时甚至没结果。在这一章中，我们将讨论如何更有效地交流：真诚地同意，诚实地拒绝，询问时不试图预测答案，并提前准备如何回应这些询问。

首先，即便是最不愉快的回答也不是世界末日，而是地图上的标记：小心，有陷阱、沼泽；而在这里，发疯的狐狸可能会咬你的腿。但现在你知道了岸在哪里，边界在哪里，哪里有持枪的哨兵会阻止你前进。你理解、并且接受别人对你说"不"的权力。

其次，没有你承受不了的答案（即便似乎存在这样的答案）。无论别人对你说什么，你都不会不省人事地倒在草地上，即使他们是出于恶意、愤怒或是针对你最敏感和痛苦的事情。你真的能处理好。喘口气，恢复呼吸，你就会知道接下来该怎么做——现在你手中有这样的引导线。

然后,有时候我们只是问错了人。给我们回复的人会出错,没说完整或者说谎,我们还坐在那里,以为那些愚蠢的回答是正确的。但如果我们问别的人同样的问题——一切都会不同,我们会像乘上翅膀一样飞翔,受到启发,感到希望,感到幸福。请记住:

真相不一定非要带来痛苦才能成为真相,而如果一个人说出的话带来痛苦,那他有可能在撒谎。

如果你真的需要寻求建议,那么多问几个人。

最后,你无法阻止别人对你有不好或不正确的看法(即使你不喜欢这样)。你甚至无法想象,在不同人眼里你的形象有多大差异,而重要的是,通常,与你进行的沟通并不是为了对话,而只是为了表达情感。在这些情感交集中,包括所有不成功的"过去"经验,大量的陌生人,未解决的痛苦和愤怒,这些与你没有任何关系。

因此,试图满足别人对你的期望和印象是在白白浪费时间和精力。即使是最亲密和亲近的人,那些无条件、真心爱着你的人,也不是与真正的你本人打交道,而只是与他们心中的形象打交道，这种形象与现实并不一致，但这种形象能使生活变得更加有序和可理解。

话语能出色地解决问题

老实说，当有人向我提起抑郁症、绝症、想自杀结束生命或者即将面临离婚等问题时，我不知道该怎么做。我不知道该用什么话语，因为我无法想象他们在说话时的真正感受。他们在简单地陈述事实吗？他们在请求帮助吗？他们想要与我分享他们对命运的愤慨吗？很遗憾，我不会读心术，也无法给予他们需要的东西，只是听到了自己内心被所说的话语激起的感受。

是的，我可以说："一切都会好起来的"——但我不知道是否会好起来。更何况我不知道如何回答接下来的问题："什么时候会好起来？"。

我也可以说："不要绝望，再坚持一下，试着再做一些事情"——但我不知道这个人已经忍受了多少痛苦和磨难，我的话贬低了他们已经走过的道路，对他们来说，这些话听起来就像是："你还不够努力，再努力一下吧"。

又或者，我可以不去寻找合适的话，只是保持沉默，不给我的沉默注入任何含义，但对方可能会自己想象出很多事情，这样我们之间的友谊就结束了。

这就是为什么说最重要的是明确自己的要求："请帮忙给我一些建议"，"请分享下你自己的经验"，"我只是想发泄一下，不需要救助"，这样，听众就会立即明白他们需要做出的反应（以及不需要的反应）。

这涉及相互尊重。没有人应该猜你话中隐藏的含义，日常生活中的困难已经足够多了。而且，这也是防止以下情况发生的可靠屏障——你发了个抱怨牙疼的帖子，有人评论："祝你好运！"你更期望得到的是一位好牙医的联系方式，而不是"好运"。

怎样交流才不会带来痛苦和折磨呢？

听别人的故事时，不要打断他们。我认为你熟悉这种感受：当交谈时，你会想插个话："而我有……"但如果你不立即说自己的故事，那么过五分钟你就忘了，它永远不会出现在世界上。

下一次，当你有想要打断别人的强烈欲望时，尝试想象自己是一个接生员，正在为别人的故事接生。请别人把故事讲完，让讲故事的人被听到，获得形状和声音，问问讲故事的人对他们故事的感受和想法，分享这个故事在你自己身上激发的感觉和思绪。

如果一个人向你不停地抱怨,那就问一个能够终止抱怨的问题:"那你现在打算怎么办?"首先,这将保护你免于冲进去拯救别人和插手别人的责任区,其次,这将设置正确的思想重心:是的,你不容易,但你不是一个无助的可怜人,你可以影响你的生活——考虑一下,从哪里开始讲,我很愿意听。

弄清楚不懂的问题。有一次,朋友送给我发了芽的银杏种子①。这些种子像杏核一样大,已经长出了白色的芽儿。我很高兴,于是就把它们种在了几个盆里,还拍了照片上传到了社交媒体。很快,我收到了朋友的信息:"奥莉亚,你种倒了!白色的芽儿是根!"

这些历经恐龙时代的古老残遗植物,从日本来到了我这里,但由于我这个无能的园丁不好意思问该如何正确地对待它们,让它们冒着死亡的风险生长在温暖的窗台上。最后,我不得不将它们重新移植。还有过很多这种多余的搬运——这是因为我没有及时提出问题,尽管一直想着要问这些问题,但最终没有问出口。

尽量避免以"为什么"开头的问题。对于这类问题,人们会下意识地开始解释和辩解(也就是为自己辩护)。说实话,在日常生活中,我们很少听到以"为什么"开头的问题是令人

---

① 银杏——一种拥有美丽扇形叶子的植物,日语中意为"银色杏"。

愉快的——通常是："你为什么迟到了？""为什么你没有打电话？""为什么你不能像所有正常人一样生活？"……但根本不会提出"你为什么这么棒？"这样的问题！现在来比较一下："为什么你没有在3月1日前提交税收申报？"和"什么事情阻碍了你按时提交税收申报？"在第一种情况下，你会立刻感到自己有错，被逼到墙角无路可退，而在第二种情况下，你能感到对方真挚的兴趣和听取拖延原因的意愿。因此，如果你不打算让对方进入自我防御状态，那么请注意你提问题的方式。

珍惜时间进行思考，也给别人留出时间。当有人向你询问事情或提出建议时，不一定要立刻现场作答。尤其是你正在开车、试图追赶乱跑的孩子、或者排队看医生时——也就是说，当你注意力分散或精神紧张时，不要立马回答别人的问题。请对方给你一些时间整理思绪，并告诉他们你什么时候能够给出回答。商定明确的延迟时间是一种好习惯，因为你不会让提问者处于悬而未决的状态（不知道是否要等待你的回答）。

如果你是提出建议的一方，那么请指出建议的有效时间（例如"我们计划在乡间别墅聚会。如果你要一起来，请在晚上七点之前告诉我们，以便我们知道要买多少吃的"）。

只回答提出的问题，不要证明或解释答案。例如，朋友说：

"我很惊讶你没有邀请我参加生日聚会。你没事吧？"请回答："是的，一切正常"，这就足够了。很可能朋友在等你解释为什么没有邀请她。但是，在她直接询问之前，不要认为自己必须对未经提问的问题做出反应或提供比所需更多的信息。她表达了自己的情感——惊奇，你接受了这种反应，但没有义务对这种情感做出什么事情——这不是你的情感。

"我不喜欢你和我说话的语气""我差点担心死了""斯韦塔的女儿已经怀了第三个孩子了，而我仍然在等待第一个孙子……"诸如此类的话就属于这一范畴。我们的交际文化中，除了未经请求给出建议之外，另一个问题是：提出问题或请求时，经常使用的话语却类似于断言式的陈述，而不像是提出问题或请求。请比较一下："不要用这种语气和我说话""我差点担心死了！请下次设法提醒我你会晚一些""我非常期待有孙子孙女——你们有计划生孩子吗，还是我最好不要抱太大幻想？"（我们经常会忽略最后一个问题中的道德因素——通常父母在这个话题上讲话并不客气）。在这段话最开始的几个断言式的陈述中，提出的请求和问题，或许，被隐含地表达了，但没有明确说出来，也就是说，它们是不能作为开展工作的基础——可以完全忽视这些话语，将其视为白噪声。

如果需要回答和行动，那就请将问题和请求用正确的形式提出来。

也就是说，请使用祈使语气的动词和问号来提请求和问题。

不要羞于说出"我不知道"这句话。不知道并不意味着承认自己的无能，这是对当前状况的诚实反映。或许你需要时间才能答得出问题，——那么可以正常地说："我需要时间来回答这个问题，请我们过几个小时后再回到这个问题上"。或许，你根本不想思考别人提出的问题，那么"我不知道"这句话将是你的明确边界，你就不会为此努力探究，你对此不感兴趣。

请说明你更喜欢用哪种交流方式。如果你更便于口头交际，而打字对你来说耗时费力，那就这样告诉对方。我有一个朋友，我们按照相互舒适的原则交际：她给我发语音消息，我给她发文字。我亲近的朋友们知道我不喜欢打电话，所以只有在极端情况下才会打电话——那时我会明确知道：有紧急情况，必须回电话。

允许自己不在社交网络上对他人的消息做出回复，无论是通过表情符号、点赞还是评论去回复。同时也允许他人不对你发的内容给出回复,也就是说,不要监控他人是否对你发的内容进行了回复,不要追踪谁看了你的投票,但没有投票,谁没有回应你的请求。

不请自来的建议

当我们与别人分享情感或思想,但我们并没有说明这样做的目的或希望得到什么样的反应("我想炫耀""我想发牢骚""我想得到同情")时通常会有不请自来的建议。把自己的悲伤讲给别人在大多数情况下会得到同情、建议或者别人的故事,诸如"这算什么,我……"仿佛只有世界上有人更痛苦时,你的悲伤才有价值,才不可笑。

面对别人的沮丧或痛苦,很难不去立即拯救,表达自己的善意。尤其是当你面对自己经历过的事情时,你会感觉自己更有经验,那么不立即去拯救,表达出自己的善意就更难了,因为你已经成功经历了这一切——获得了补助、移民或开通了博客。但是,即使这些确实是事实,未经寻求向别人提供经验是不恰当的。更不要说将自己的经验强加于他人,或是为他人不同的行为感到羞愧,这些更是不正确的。

我们失去了分寸，忘记了如果别人没有询问或请求，那么我们的评价就没有必要，因为他人所处的状况与我们极少有共同之处。如果我们没有付出任何东西——金钱、力量、时间和其他资源，那就不要伸手去拿节日餐桌上最甜的蛋糕，不要干预别人的事情。

如果你有孩子，并且不只是你和孩子一起生活，那我相信你很容易回想起很多这样的情况：别人通过引起罪恶感、羞耻感和让你感到自己不够格，来"教育"你当个好母亲，比如：你没戴帽子，你的孩子光脚奔跑，你的治疗方法不对，你的分娩方式也不对。接下来，至少 40 分钟你都会听到他们自己在那讲，该如何正确行事。

因此，当你接收到未经请求的建议时：

请问问自己：你想像那个给你建议的人一样生活吗？他说出这些话是因为确实知道该怎么做，还是因为不能不说？他是你的家人、亲戚、论坛上陌生的评论者、朋友、教练、老师、同事或者就是爱出主意的人？他们的话语背后有个人故事吗？还是这些只是一些普遍的思考、想法，没有幸福、金钱、快乐、生意、稳定的家庭和真正强大的职业能力水平支撑？

请记住，建议并不是指导行动的方法。人们给出建议时只是在将自己当成主角去讲述,即在这种情况下他们会做什么。总的来说,对待建议的良好态度是:"嗯,好的"。最重要的是,不要放弃自己做决定的能力,否则就会一直感觉周围的人总是知道得更好(好像他们随着年龄的增长变得更明智,而你只是变老了);

对于不请自来的建议,可以准备好这句话:"我会自己解决,谢谢(非常感谢)"。它足够直截了当,可以明确告诉建议者不应该越过的边界,但同时不具备任何攻击性(如果你感觉其中有攻击性,可以微笑或添加表情符号,这将降低紧张程度。但如果你不打算礼貌地进行回复,那么多余的表情动作也没有必要);

如果无法抑制内心的嘲讽时,可以使用"需要更多的建议!"这句话替代上面那句话。它有时真的比上面那句话更有效,因为它潜在地包含了一个邀请,邀请大家一起嘲笑那些多事的人。

我们并不知道其他人的潜意识中有些什么。

我们自以为无害的评论或是失败的笑话会引发怎样的绝望或

恐惧呢？我们永远不知道针对痛处的责备会有多么准确和深入。我们甚至无法理解发生了什么，而人们会因痛苦而变得冷酷，分崩离析。如果幸运的话，他会让我们知道我们伤害了他，那么我们就有机会道歉并修复关系。否则，这个人可能会在一段时间内消失在我们的视线中，甚至完全从我们的生活中消失——没有解释，也没有回归的意愿。

请求帮助并不可耻

如果我们认为应该自己处理问题，不想给别人增添负担，或者害怕欠别人人情时，请求帮助是有困难的。有时甚至提出请求在身体层面就很困难：喉咙中有东西卡着，根本发不出声音。

会发生这样的情况。从小被教导要成为独立的女孩，但愿不要变成给别人添麻烦的女孩长大了，却完全不知道向别人寻求帮助是正常的，她没有必要亲自将沙发拖到八楼，她也不知道如果事情很困难，那么，请求别人来分担负担、任务或责任就是想办法让它变得更容易的足够理由，即使被拒绝也没有那么崩溃。只是那一个人回答了"不"。但地球上不是只有你们两个，再无他人可寻求帮助了。

寻求帮助时，不要预设别人对你的请求做什么反应，不要考虑他们会说什么、怎么看你、期望你回报什么。实际上，你只需要用语言表达出请求，然后听取回答即可。

你打电话借钱也不需要漫长的前奏，询问对方"最近怎么样，自己怎么样，孩子们怎么样"之类的，因为请求帮助不需要精心准备，它们本身并不可怕，就只是请求而已。

更不需要把亲情关系拉进来（"我们是一家人！"）或者指望过去的友谊（"朋友啊，帮个忙吧"）。你有权请求任何事情，对方有权进行任何回答。但是，一旦对方感觉到（而他们一定会感觉到），你已经对他们的回答有了期待，而他们的回答与你所期望的不同，这将使后续的交流变得更加复杂，甚至会使交流终止。

我 22 岁的时候去了罗马尼亚度假。离开的前两天，我已经没有钱了。总之，一点水和吃的都买不起，我没有任何储备。我选择了保持沉默和挨饿，而不是向旅行团的任何人说出这种情况。现在我明白了这是多么愚蠢：在大巴上有 40 个人，它们我一起在同一家酒店度假，肯定有人可以分享一些食物或者以"我回家时还你钱"为条件借钱给我，但是我保持了沉默，也没有人猜到任何事情。

我怀疑，是盲目的自尊观束缚了我：不要请求别人，以免被看低。好像请求总是：一方是慷慨、富裕的，而另一方则是伸手乞讨的可怜人。在这种观念中，没有考虑创造力，没有寻找互利的解决方案的愿望，而这种解决方案肯定存在，只是你没有看到，因为你甚至没有去看。

我本可以简单地在酒店厨房找份兼职，或者提出帮别人照顾孩子，从而共同进餐。可我却勇敢地选择忍受，而不是从更广阔的视角看待问题。

请求帮助并不是自我损毁，而是解决问题的一步。

对于清晰表达的请求，有人会回应，有人则不会，但拒绝并不会使请求无价值或不值得存在。它是一种令人着迷的游戏工具，是你在桌子上掷出的成千上万个变量之一，你可以观察到它将带领你去哪里，下一刻会发生什么。

提出请求你不会变得更糟，你独自应对困难你也不会变得更好。只要记住，"不相信，不害怕，不请求"是一句监狱俗语，是三条囚徒戒律，没有必要在日常生活中用这样的哲学观。

温柔指南

1. 相信故事，而不是相信建议。观察好人如何从困境中走出，而非通过谎言来"保全面子"，这更有趣。故事鼓舞人心，而道德训诫则不然，未经请求的建议只会让人恼火。

2. "是"和"不"是美丽而精彩的话，但"我需要考虑一下"和"我不知道"也不比它们差，多用用它们。

3. 传达对自己重要的事情时说明你需要什么样的反应，如果没有明确表达出自己的请求，就不要懒于追问需求（"你想听我的意见还是只是想要安慰？"）。这将有助于使交流谨慎和体贴。

4. 不要害怕寻求帮助，也不要害怕接受帮助。如果接受帮助对你来说困难的话，请把它看做是一种感谢方式，感谢你已经做完的事，而不是"欠人情"，不要阻挡你的生活中出现善意，也不要反对它，就应该这样。

"爱情不存在"，这种观点今天看是真理，而明天再看则是谎言，所以请自己决定吧——每天早上，喝着茶思考下这个问题；

　　但无论如何思考，无论多么无聊，随缘吧，生活要继续，即便没有人想念你。"

——克谢尼娅·捷卢多娃

第十章 人

人是无价的。

我们彼此互动,从而明白自己的重要性:我们如何爱,我们害怕什么,我们隐藏着什么宝藏和缺点。和某些人,我们在第一次见面时就能建立起联系,而与某些人,则需要经过多次交谈才能建立联系。在接近和疏远的过程中,我们意识到关系也像是活生生的有机体,它们会生长和变化,从最初的感兴趣、喜欢,再到激情、感情冷却、冷漠,直至最后断绝联系。

当一个人的名字被收录到网络之前,你就知道他是谁,他是如何生活和醉心于什么的时候,这是多么令人惊讶、感人和温暖。不管生活会把你带去哪里,你都知道:有一个地方,一定会欢迎你,让你喝热汤、喝果汁,让你坐在旁边,听他们的故事,直到你满意为止,不会打扰你。

有时候,真的不需要言语——只需要一个肩膀,扎入对方的怀抱痛哭流涕。

因为即使没有别人保证,你也知道一切都会好起来。只是在通往最终的"好"的路上,有时候会很不容易,在这些时刻,我们格外需要敢于说出"我很不好,请帮帮我"。

实际上,我们本能地明白,和哪些人只谈论工作,只说说烤饼干的做法,而向哪些人求助是最好的。在内心深处,我们知道哪些人会因此而害怕地发抖,因为吸引他的是一个幸福和强大的人的静态形象,他不想与其他形象有任何关系,而谁会接受我们的悲伤、喜悦、残余、甜蜜、无法忍受的轻浮和难以言表的生活重压。

我们称这些奇妙的人为朋友,并将房屋的钥匙和猫托付给他们。

我记得,我曾有过一个最美好的情人节:没有送花的快递员、没有表白的信件,没有任何粗俗的祝福。来到柏林后,朋友让我照看他们的出租公寓,所以我在一个几乎空荡荡的赫鲁晓夫式公寓里度过了一个夜晚——喝着薄荷茶,吃着一盒棉花糖,听着深沉的脚步声和闪烁的霓虹灯,这些都为这个节日装扮的粉色影子点缀了更多的色彩。

在院墙外的某个地方,惠特尼演唱着她的传奇歌曲《I Will Always Love You》,对面的窗外展现着陌生人的生活,城市上空是蔚蓝色的天空。我独自一人,感觉很好。楼道里有人在吸烟,几层楼下有人在拉大提琴。有人在煮汤,有人在等待坏消息的到来;爱情,与偶然的死亡一样,无处不在发生。而我只是静静观察,在想着:"当所需的一切都在心窝时,这真是一件美好的事情"。

自己的圈子

随着年龄的增长,你会习惯于相当小范围的人群,认为他们是你的圈子。

你的圈子,有些是共同的记忆和经历将你和有些人联系在一起,有些是学生时代的课桌、横线笔记本上的扭曲字迹将你们联系在一起。在自己的圈子,你们的梦想和希望都被复刻。你们在一起很多年,直到各自分散在不同地方。但无论如何,你们仍然是"之前"的那个人,活生生的、有趣的、温柔的,无端地幸福,无条件地被爱,无处不在,干净纯洁。还有一些人,你们最近才认识,但却立刻建立了有理有据、有针对性的联系,因为你们有相似的创伤、经验、生活观和目标。

在这些联系中,你珍视并维护着这样坚定的认知:与这些人在一起,不需要撒谎,不需要迎合他们对你的看法,不需害怕在他们中出丑，担心胡子忽然掉落，鼻子热得冒油或是口红褪色。

"自己人"能立即看出来——不需要花很长时间去认识他们，就能爱上他们。

无论在哪里遇见，怎么遇见，你都能立刻感受出"自己人"，就像是立刻感受到心痛一样，你会突然明白你们是同一类人，可以和这个陌生人分享自己的面包和战斗经验。如果你们有一天成为敌人，那也是种荣耀，而非不幸。

与他们交流时，不需要将信息进行过滤、预先计算，考虑哪些地方会产生反响，什么时候会冒出问题。与他们交谈就像是呼吸、奔跑，从起跳处跳入水中并仰泳顺流而下一样，既空虚、又充实：我在说话，他们就在那儿，窗外的天空布满银色的光线，一切都很美丽。

和"自己人"交流不是在拳击场上进行的口舌之战，也不是智力游戏上的"比强弱"，也不是黑色幽默和讽刺的混合物。在宁静明亮的时光中，一切都好，那时候有足够的精力去生气和大笑。但当不好笑，周围变得黑暗，不知道窗外是什么，天空上没有星星的时候,你需要寻找的不是那些漂亮陈列橱窗里的冷酷塑料模特儿,而是需要寻找能支持和滋养你的人;去找那些愿意倾听和理解你的人,更重要的是他知道:一切都会过去,虽然不总是无痕迹地消逝,但"我告诉你,你肯定会成功。而现在,来这儿,让我拥抱你。抱抱你,我的好孩子——然后深呼吸……"

与自己人进行谈话是一种充实的交流,可以不必藏匿真实想法,坦诚相待。分享个人的事情,而且知道这些分享一定不是多余的,没有人会匆忙转移目光或改变话题。比如,坐在河边的篝火旁,伴随着吉他轻柔的弦音。你可以唱歌,可以倾听,也可以说:"你知道吗,让我们安静一下吧……"这份宁静就像你们的友谊一样温柔。

寻找自己人,珍惜自己人,他们是支柱,你可以坚定地根据那些零散的坐标点构建自己的圈子,你可以给这些人展示你的脆弱,暴露你的缺点,不需要害怕背对着他们。自己的圈层不是家庭,你可以自己选择圈层。而且往往是,当你成长到与那些心跳节奏和自己相符的人的圈子时,圈子自己会找到你。

我们建立友谊关系的原因各不相同,通常是因为某种共同的兴趣或共同的事业。托尼·克拉布在《繁忙地无意义,如何摆脱无尽事务的漩涡》一书中建议列出 15 个最亲密的人的清单,并将这些关系视为最重要、最珍贵的关系,投入其中,绝不让这些关系失去。否则,心灵富足的责任重担将落在家庭伴侣的肩膀上,这是他无法胜任的。因为会发生这样的事情:我们喜欢和一个人谈论文学、讨论电影新作;与另一个人八卦;与第三个人一起逛商店;与第四个人分享私人秘密;与第五个人一起远足或唱歌;与第六个人交换关于如何种番茄或分类垃圾的信息;与第七个人跳林迪舞……我们的伴侣不可能满足我们的所有需求,不可能不牺牲他们自己的兴趣,过着我们的生活,而不是他自己的生活。

这就是为什么"尽管繁忙,但永远不要削弱与 15 个重要的人的交往。你可以推迟与你的 50、150 和 500 个联系人的交往,但千万不要削弱与这 15 个人的交往。你的'支持小组'将帮助你度过最黑暗、最无助的时期,不要放弃它"①。

是的,有些情侣之间一切都是共同的——他们就像一个完美封闭的系统,不可分割的孪生子。如果你这不是这种情况,也请不要沮丧——其他形式的关系也能很好地发挥作用。完全相

---

① 出自于 Крэбб T. 的《繁忙地无意义,如何摆脱无尽事务的漩涡》的 261 页。

同的兴趣和爱好并不是爱情的标准，也不是幸福的保证。喜欢不同的事情，追求不同的东西，拥有除了与伴侣共同的朋友外"自己的"朋友，都是正常的，而且也不能因此认为婚姻失败或不完整。

如果这些关系已经满足了你的关键需求，剩余的次要需求可以通过其他人来满足。可以走向外部世界获取所需，而不是试图从那些无法提供它的人那里获得——这是正常的。在这方面需要有很多温柔和有意识的拒绝强迫：如果你的伴侣不喜欢交谈（比如我的丈夫），那么最好接受这个特点，不要用言语折磨他。我们有权成为不同的人，无需因为我们没有其他人所拥有的东西而感到内疚，我们不是被设计成为只为他人利益服务的资源，没人是这样的。

有人是明镜

有些人殊不知为我们提供了非常重要、必要、罕见、极其有价值的服务，他们是我们的明镜。

即使我们没有要求他们，也没有和他们讲过"请说点我的好话，我很饿，我已经很久没吃过东西了"这样的话，但他们依然给我们以积极的反馈。说他们是明镜，是因为他们突如其来、不需要任何理由就告诉我们，他们喜欢我们的什么地方，我们哪让人印象深刻，他们的唇齿之间早已为我们准备好了话语，而现在他们决定把这些话像鲜花一样送给我们。

通常他们会在我们最需要听到我们没事的时候出现。我们做什么，我们朝着哪里发展会很好，会一切都正常有序。我们的眼睛时常是模糊的——我们已经习惯了自己，就好像我们的脚习惯了我们那双破旧的鞋子。我们从自己身上学到只是内部批评。但突然之间，我们从他们眼中回看自己，就像是透过清澈的水看自己一样。

他们给予了我们力量和信仰，使我们想起了我们那惊人的天赋和超能力。他们用自己的观察为我们分享了我们有权自己引以为傲（因为他们就是那么骄傲啊！），即使我们直到今天才知道自己有这种能力。

我们会完全被我们中一些人的温暖和善良所吸引：你所要做的就是站在那里，即便是站在寒冷的夜晚，也会有一条又厚又软的毯子轻轻地从四面八方将你裹住；他们还能异常吸引我们的就是，他们好似能摇摆空间，让空间像海浪那样散去，再变成凶猛的海啸。在他们身边你会觉得，昨天那天马行空的想法一下子变成现实，人成了合适的人，地方成了合适的地方，联系也成了合适的联系，你的思想得以跳跃和实现。有人对自己的吹毛求疵、精打细算，能细致地观察每一个人，不忽略任何事情，不让任何事情放任自流感到震惊。这种对琐事的执着往往会让人觉得无聊，但总有一天它会拯救所有人。

"明镜"不是为了贪财图利而让你腻烦，或是来恭维你。事实上，他们可能会保持沉默，但他们看到好的，见到了美，就会像孩子看到任何触动他们心灵的东西一样地深深欢喜。它们反映了"我们的不可战胜"——就是那些我们认为是理所当然的，或者根本没有人注意到的，但是毫无疑问，它们把我们和别人区分开来的是技能或精神天赋。

让爱你的人告诉你他们喜欢你什么，这就是他们欣赏你的地方。给他们足够的时间，准备好大吃一惊吧！你可能不知道，你的一些特质在别人的心中激起了共鸣，激励了他们，让他们这个世界上感觉自己更加平静，甚至你在他身边出现一次都能宽慰他！

珍爱好话，把它们埋藏在心里，并相信它们。

把好话写在记事本上，在困难时刻去翻看他们，寻求平静和希望。这些好话有巨大的支持力——它们是灵魂的活水,是神奇的线条,它们可以带领我们走出怀疑和恐惧的迷宫。将这些好话收入囊中,整合对自己的认识,这加强了自我感觉良好的权利,也更能让我们认为自己美好、美丽、有力量和值得被爱。反射回来的光越多,我们就越想要发光,我们生活的环境就越安全,我们的眼睛对别人的非凡之处就越敏感。

我深信我们对隐藏在我们内心的宝藏知之甚少,因为鲜少有人在持续的"好反映"、在没有操纵和复杂的心理欺骗的环境中长大。赞美是获得或巩固舒适行为的一种手段,而不是展现心灵的美中成长的人也寥寥无几。

但即便我们看不到自己的独特价值,也不意味着我们没有独特价值。

不让别人攻击自己人

有一次在餐厅里,我向一个服务员抱怨另一个服务员。他说,"是的,我知道,他有点奇怪。但当有人随着不同的节奏跳舞时,我就会对自己说:'让他们跳吧'。"

促使一段友谊结束有诸多原因。有时候是因为丧失信任,有时候是因为过于怨恨，人们此时此刻就不想再继续联系下去了，有时候仅仅从社交媒体上删除朋友就足以建立起一堵信息疏远的墙。承认这一点很可怕，但如果你在日常生活中失去一个人，他也就会消失在遗忘之河中，你甚至都不知道他健在与否。

另一个原因就是生活方式发生了重大变化：比如搬到另一个城市或国家，或者是结婚生子，又或是工作原因，又或者是疾病、精神转变。这种情况下，一个人可以如此明显地去改变自己，乃至于他变成了一个局外人，如果这时你不再和对方联系，只存有那点点记忆的话，那么对自己的温柔就是欣然接受别人的改变，结束友谊。不要驻足于过去美好的日子，也不要在你们相隔数光年的地方人为地维持联系的表象。正如奥尔加·帕伏尔加所说，距离总是慢慢发生，一开始就像是隔了层玻璃，难以触摸，之后就像是隔了堵墙，看不见影踪，之后就像得了健忘症一样，再难记住[1]。

这很伤人，但这是一段值得哀悼和放手的友谊。事实上，当友谊变得脆弱的时候，你会突然意识到所有的接触、所有喝咖啡的邀请，所有的信息都来自你。这是一种反应，但绝不是

---

[1] 出自于 Паволга О.《手腕上的笔记》的 63 页。

主动的。

友谊可不是这样。

友谊需要维持、滋养，投入时间、投入自我。

最重要的是，要给友谊留一个自由、没有变化、每个人都遵守规则的一个空间。例如，不谈及政治，不指责对方，不讽刺对方的弱点，也不把自己的新习惯、爱好和精神探索的果实强加给别人。因为即使是合作伙伴、孩子和搬家，也不会像在引入源代码的新数据一样对友谊造成太大的伤害。

是的，我们正在改变，拒绝肉食，开始垃圾分类，获得新的技能，创业、跑步或者进行深奥的实践，报名参加心理治疗或全身心投入家庭。但在友谊的空间里，你必须尊重这种关系的形式，这种关系的基础是了解你哪些地方不能踩雷，说哪些词会起到引爆作用。

如果在友谊中没有人会砰的一声摔门，说闲话，或是情绪外露在脸上让人讨厌的话，那么任何偏离格式的行为都将是一种警钟：有些事情是不对的。这并不意味着朋友之间不能充满愤怒、不能紧张（没有人是钢铁做的），要么这些感受会被发现，要么根本不会表达这些感受，这也是一个选择。

无论是爱情还是友情，一段关系的基本支柱之一就是反映和行为的预测性：你不期望一个人的急躁和紧张。这些关系不会受到攻击——它们会形成一种最安全、最营养的环境，在这种环境中，你不必一听到声音就朝门口张望，也不必一听到点动静就战栗一下。

如果有人说"爱"你，那就相信，如果没人和你说，你知道就行了。因为这种联系即便看不见，也很牢固，——你能看见彼此井底的深不见底，却不会产生往井里吐口水的想法。

对自己温柔不是同那些能一秒钟就让你发疯的人谈恋爱。此时此刻因一时冲动而被解除关系的人，会无休止地从一边被扔到另一边——就好像被从轨道中被扔到了一个独立的宇宙空间，这里与行星、北斗七星相连，吞没了由一颗恒星组成的银河系。被解除的关系要么是婚礼，要么是追悼会，要么就是"我不想看见你""请你原路返回"。如果这些人出现在你视野中，特别是想进入你的核心圈子，要小心：他们会造成破坏。

另一件重要的事情是，尽管友谊需要持续的营养，但这并不意味着维持友谊需要天天接触，往往水深则流动无声。还有这样一种友谊，人们耗费精力，一年只见一次，但他们永远会为彼此在线——无论什么时候电话响起，总是将事情推到一边，找时间接听。见面次数少并不是因为冷漠,而是没必要经常见面——真正的朋友总是把对方放在离心更近的地方。

当友谊结束

有些关系是真正的损失。就像你失去了一些重要的东西,一些非常熟悉的东西。这种事不会再发生在别人身上了。(无论如何,这种情况不会再发生了,因为每一种联系都是独一无二的。)好消息是:这不是世界末日,坏消息是:它会痛,但这种痛苦会随着时间的推移而消失。如果没有保持联系——没有写信,没有问候,没有主动,联系就会变弱。那时候有人问:"有什么新鲜事吗?"可能就会回答"你连旧的事情都不知道……"如果此时你发生了改变,比如学习新的东西、读书、看电影、组建家庭、成为父母等,联系也会变得越来越弱。在某种程度上,人们可能会觉得自己不再是"你自己的"了,这是一种强烈的感觉,但这个感觉鲜少是错的。你必须相信自己。

放下一个人并不一定意味着就是把他从你社交账号的好友中删除,也不意味着用很绝望的姿态来说你们"道不同"。在我看来,如果一个人做了什么冒犯你的事,让你感到痛苦和困难,那你这么做恰如其分，这是一种常见的防御反应（和对自己的照顾）——不触及痛处。

但生活在同一个城市，生活在同一个平行时间里是完全正常的。看帖子，越来越少地看别人的消息：就是这样，抱歉，结束了，但又很好。Ремарк 在《凯旋门》中写道："没有人能比你过去爱的人更陌生，把他和你的想象力连接起来的那条神秘的线断了，在他和你之间还剩下点电光，还不时地会闪烁一下，就好像幽灵般的星星，但那是死光，它使人兴奋，但不会再被点燃——感官上那无形的电流中断了"①。如果你曾经和一个温暖的人在一起，而现在你们的关系中有了细雨，你可以继续前进而不让自己停下来生气。如果你开始和某人道不同了，那么至少你有自己的路。

当我们变换工作时，我们通常知道我们为什么要这样做，和他人相处也是如此：一段感情突然变得太亲密或太过悲伤，没有了那个鲜活的、流动的、可以制造热浪的电流了。相互关系、"存在"、"当我看着你的时候，我就看到你"的感觉就走掉了。

也许有人把你和怀旧的环境联系在一起："还记得我们以前是怎么抱怨的吗？"我们是怎么互相哭诉的？我们是怎么开始冒

---

① 出自 Ремарк 的《凯旋门》的 440 页。

险的？"但如果没有什么可哭的了，也厌倦了抱怨，冒险也不再吸引我们了呢？我们必须意识到，走掉的并不是联系，而是这种情感驱动的环境，就像水和河口。如果你需要其他的交流、话题和支持形式，这是可以的，但没有必要把记忆拖进不存在的"一致"中。

是的，通常就是：最好的朋友变成了普通朋友，普通朋友成了关系较好的熟人，关系较好的熟人成了普通认识的人。而那些我们昨天才刚结交的人成为了新的重要的人。这是成年人的美丽：允许自己和他人改变，也允许关系结束，走近需要更多开放、能更好学习、可以超越简单的"你好"的地方。

作为一个孩子，失去联系似乎是世界末日——但在成年人的生活中，有很多可以体面放手的方法。不是"容易"，而是成熟：承认悲伤，生活在感激之中，必要时请求原谅，但不要把分手变成色彩斑斓的痛苦。

此外，一些关系还可以再生，它们会成为新的肉体、重生。要知道，当两个人分别的时候，他们会分开走，可如果是绕着地球转圈——他们还会重新相遇，那时候就会明白：他们走的是同样的路，有彼此可以讲述的，也有兴趣彼此倾听。

一段关系正进入一个新的阶段，就像它曾经停止一样自然和合法。我们活着,我们的关系也活着,但是环境一直在改变。今天和他们在一起很好、很温暖,明天和其他人在一起也很好。你(我)都只是某个人的一个阶段。就是这样。

温柔指南

1. 与朋友商定暗号（比如：我要诉苦）：让这样的暗号成为一个信号，证明你现在需要拯救或者被安慰，你需要把这话讲出来，并在你们友谊的安全空间内被倾听。没有评判，没有建议，也没有"我和你说过了！"这样的话。

2. 如果此时你的身边没有可以称之为"自己人"的人，也不要绝望。给自己和自己的生活点时间，来安排一次会面。没有"自己人"，但也不要让我们有那些多余的、奇怪的，不能同他们交朋友、不能"唱歌、喝酒、哭"的人。保持友谊的空间畅通，凡事不要着急，就像老话讲的："尽管你不知道你自己在做什么，但你灯塔的光会吸引你身边的人。"

3. 珍惜那些在你生活中充当明镜的人，你自己也一定要成为这样的人，这对双方来说都是一种快乐，也是一种能力。

4. 放弃把你榨干的友谊，这种友谊中的朋友仅仅当个熟人或者普通朋友，不要试图让死关系复活。哀悼你的损失，去找那些温暖的人。

31 天温柔"马拉松"

现在，在这里，在一群昏昏沉沉的候鸟的伴奏下，突然吹起了口哨，现在到了这样一个时刻，你厌倦了别人的来信，开始写自己的……

——克谢尼娅·捷卢多娃

现在该开始"实践"了

———— 让我们来一场 31 天的马拉松,温柔地对待自己。

你有一个月的时间来调整你内心的温柔,来更好地理解这本书的意思。慢慢来,用你觉得舒服的速度前进:如果你想在一个实践上多练习几天,甚至练习一个星期,那就给自己尽可能多的时间。

唯一建议的是,不要急于立即阅读所有的实践部分,让每一天都成为盒子里的巧克力糖,成为惊喜。

但在这个在马拉松式的实践中会有很多项,所以最好准备个笔记本,或者在任何一个你用着方便的 App 上记笔记。

001　关于你自己——现在

写下所有与你今天有关的事实。

你现在怎么了，你是谁？

你可以用"我喜欢蛋黄酱"或"我不给小费"来谈论你自己。例如，我可以写一些关于我自己的东西："不涂指甲"，"我没有纹身"，"我脑子里记了几百个人的生日，但很少祝别人生日快乐。"所写的东西应该是当下的，也就是说，像"我周游世界"（过去的经历）或"两年后我将获得心理学学位"（尚未实现的未来）是不合适的。写东西必须写此时此地、写今天的你。

更好地认识现在的自己,有时候,我们甚至没有意识到,在我们的脑海里,我们经常会回到过去,或者是跳到未来。这个步骤的本质:定格在"现在",因为我们正是和"当下"打交道,影响的也只是"当下"。

002　气味胶囊

"香气馥郁的草药散发着大地、天空、你心中大海的味道。伯加莫塔的叶子,如果你把它擦在脚趾间,会让你想起下午茶在阳台上的情景,太阳就像成熟的瓜一样绵软,把金色的瓜瓤洒得到处都是"。

想象一下,你有机会让未来的人们保留你的"胶囊",而这些胶囊的芳香对你来说又弥足珍贵。

通过阅读,通过感觉,他们可以看到你活着,感觉你在他们身边,把你独特的嗅觉代码编入记忆档案。

想想看,你会希望谁来打开这个胶囊(里面的每一种气味都是分开密封的,所以要放心,所有的音符都是干净的)。里边会放进去什么气味?为什么?

形成你最喜欢的气味调色板。这是一种很好的恢复能力，当你的力量耗尽时，你可以求助于它。

003　我罪恶的快乐

罪恶的快乐是一种隐秘的弱点,一种可耻的爱,一种被你周围的大多数人谴责的激情,但却给了你极大的快乐。

没有人评判你的时候,你通常会做什么,听什么,看什么,读什么,吃什么?老实说出来,你并不为此感到羞耻。

你真的很喜欢这样做——听流行音乐,在加油站喝速溶咖啡,或者把书角折起来。

列出你自己罪恶的快乐的清单。

照亮你自己的这些部分,但不要感到痛苦和尴尬。

让自己过时的怪癖成为自己,不要在这件事情上有遗憾。

要知道是什么让你与众不同,但在此之前,你却羞于启齿。

004 我需要时间思考

对自己的温柔不仅体现在对自己性格的细致研究中,也体现在承认自己不立即做出反应的权利上。不要认为你必须在此时此地做出决定。

"我真的想这么做吗?还是我只是出于习惯?""下班后去某个地方见一个人,帮他搬家,帮他挑选结婚礼服,一起去度假——我给了自己时间去思考,去聆听自己,还是马上就去了?"

今天的实践是不同意(或不拒绝),是只要有一点点机会就不在此时此地做出决定。

带着可能的答案走在你的心里,用你的头脑和语言,听他在身体里说什么,感受他的重量、力量和真理。

让你说的话和你的感觉相符。

005 永远赞美

有些赞美会持续数年,因为它们是意想不到的,非常新鲜,非常生动。当你想起这些赞美的时候,你总会面带微笑。这些赞美是由内心的温暖而发,是去感谢那给我们这样赞美的人。溢美之词变成了圣诞彩灯,你打开它,回想起 11 月一个沉闷的夜晚,就好像魔法又消失了一样。

今天的任务是记住你最喜欢的赞美。不管多久以前,从谁那里收获的赞美。

给自己一个微笑和精神上的拥抱的理由——有人用如此真实、如此准确的溢美之词,让你容光焕发。

006　写给自己的过去

回忆你生命中的一个糟糕瞬间,那时的你感觉状态很不好,或是因为经历了不公平对待而痛苦着。

童年、青年、大学时代——自己选择年纪,但选择的那个瞬间应该是不包括今天在内的。(但如果你需要五年前的安慰,那就去做吧。)

也许有人和你讲了一些可怕的事情,或者是有人嘲笑你,又或者是你的朋友抛弃了你,或者是你被一个男孩抛弃了,被父母误解,你觉得自己很可怕、不被需要、不被爱。总之,在某个时刻,生活是痛苦的,没有希望。

想象你自己就是那个女孩。她又躲起来哭了。找到她,拥抱她,告诉她今天她需要知道的关于今天的你的一切,告诉她有人在等她,一切都正往好的方向发展,告诉她她会成为什么样的人,会收获什么,会住在哪里,会遇到什么样的人,如果你愿意,也可以给她一些建议或警告,但同她讲的时候要温柔。让像是曾经的你的那个小女孩相信她被爱着,她会长大,她也会变强。世界将会束缚她——但束缚不住她。

她必须继续下去,因为最重要的和有趣的事情还在前面。

意识到，即使在最困难的情况下，你总是有一个善良的成年人可以依靠。你永远不会孤单。

007　幸福的特征

想想你自己幸福的特征。如果你想要一个信号,它就在那里。

当你发现一根白发时,你说:"这根白头发象征幸运,即将通往一大笔财富。想问就问,然后等待答案"。

宇宙需要知道，怎么样才能给你一个飞吻。

008　力量明信片

让你爱的人，认识你很久的人，给你写一个明信片，写一封电子邮件，让他欣赏你。写出他欣赏你哪里，写出他认为你的超能力、你的天赋都在哪里，之后你也必须亲自给别人写一个这样的"力量明信片"。重要的是要有支持、钦佩和爱。

开始这波浪潮。

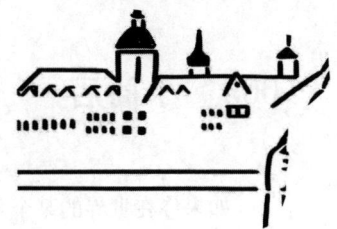

感觉自己是被爱的,看见你在别人眼中是多么的美好。

009　小商店

如果你在世界的某个角落拥有一家小魔法店,你会卖什么?唯一的条件是非常狭的门类。例如,不是所有的东西都是"为房子"准备的,只是"为枕头"准备的。或者是手工制作的刀。或者一块古董手表。你们产品的重点是什么?商店会在哪里?商品里看上去会是什么样子,顾客会付你多少钱?把你的幻想写下来。

你写的东西可以告诉你喜欢什么,你的意义在于什么:你喜欢什么东西,你认为什么是能力,你想和别人分享什么。

010　没什么是多余的

今天的实践——是只回答这个问题。特别是当你觉得这个问题很棘手的时候,他们想让你为自己辩护。如果一个问题看起来甚至不像一个问题,而是一个反问的时候——允许别人说话,但不要把它当成是针对你个人的。毕竟,如果别人想从你那里得到什么,他们应该毫不费力地去想他们到底想从你这里得到什么。今天不要让游手好闲的人轻松。当你这样做的时候,看看你自己,你是怎么问问题的?

清晰沟通的实践。目标是学习如何听问题，而不是去感受问题带来的感觉，最重要的是要意识到问题带来的感觉，但不一定要回答。

011 给城市的信

今天就做你所居住城市的天使吧。留个口信给你自己,你会很高兴收到你自己的口信。塞在书中的一张小纸条,留在商店储物柜里的一张便签,贴在柱子上的一张旧传单上边用记号笔写着:发一封简短而温柔的邮件,确保有人能顺利地读懂它。这是一个好兆头,一切都会发生,一切都会得到。比如来自陌生人的一个友好的拥抱,这个拥抱就像家一样温暖。

让这个世界变得更舒适、更温暖。

012　我想象中的纹身

想象一下你现在会给自己纹什么样的纹身。如果你对想象中的纹身有强烈的抵触，想象一下你会往T恤衫上印什么图案；如果你忍受不了带图案的T恤衫，就想一下自己的藏书签上有什么图案。重要的是，图案、句子会是你现在是谁的"浓缩"，反映了你当前的哲学观和世界观。不要想别人会怎么看它，因为它是别人看不见的，只有你能看见它。

这会是什么？

形成此刻自己的主要价值,自己"今天"的意义。

013 用语言表达

今天的任务不是躲在表情符号和赞后面,而是试着用语言表达你的感受。

当你想着习惯用笑脸来结束话语时,请你问问自己:为什么?我现在的感觉是什么,我想让别人知道我在说什么?

不要用你眼中的表情符号来表达你的真实感受:"我爱你","我无法将目光从你身上移开","天哪,我恋爱了。"不要用一张流着泪的委屈面容,而是用语言表达你的悲伤:"我现在感觉糟透了,我想喝杯茶,躲在被窝里,一百年都不出来。"

让你的愤怒成为愤怒,而不是社交媒体上愤怒的表情,让你的温柔成为语言,而不是虚拟的熊抱。

意识到你在短信和社交媒体上隐藏在表情符号后面的情绪。

014　温柔手套

我在塞尔维亚作家戈兰·彼得罗夫维奇的《地图集》一书中读到过这样的想法。小说中的人物每年都会制作一次护身符来驱散邪恶的灵魂,从而驱散烦恼、赶走悲伤。这种护身符的"配方"的美及其复杂性让人大吃一惊。"配方"包含:一个较小的圆圈,画在水面上的蜻蜓;一撮花粉的温柔;永远不要回头;能在长长的睫毛上放多少雪花就放多少雪花;嘴里能放下多少爱的话语就放多少爱的话语;鼻子多闻闻山茶花的味道和四面风吹来的好气味;以及很多以往没那么多的笑声;并让这些笑声用亲吻联系在一起;大力地挥一束紫苏花等。

我非常喜欢这种"神秘"的描述,所以我决定在我儿子的手套里加入 21 种魔法成分,其中包括樱桃核、海盐、薄荷、灰泥、蓟草、喀尔巴托草、肉桂、洋甘菊和亚麻籽等。

今天的任务——建立自己的"温柔手套"。你想用什么填满它?每一种成分都有什么好的含义?(例如,我决定,樱桃核象征着我对梦想的执着,而松皮象征着我的"不可战胜"。)

创造自己的温柔护身符,从这个过程中获得巨大的快乐。

015　这是为了纪念我

无论今天发生了什么好事,你都要在脑海中对自己说:"这是为了纪念我。"你看到外面有一个巨大的广告牌,上面写着"我爱你"吗?这是为了纪念你。昨晚有人放烟火了吗?当然是为了纪念你。老板们很慷慨,让每个人提前半小时离开?他们有你真是太好了。

今晚任何能让你微笑或高兴的事情,在新闻中被提及的所有胜利和成就,所有你今天将要听到的奇迹拯救和不可思议故事的证据,都是为了纪念你。

仅仅因为你在那里,世界就向你致敬。这一天是绝对的内在虚荣心,没有自责和内疚。

为了新奇的感觉而这样做。向自己致敬是不寻常的，但值得一试。

016 "我希望他们不要让我……"

带着别人期望工作的一天。仔细考虑你周围的人,列出他们对你的期望。你觉得负担是什么?

这个练习的实质不是点燃叛乱的火焰,而是看到愤怒的深流。你可能会感到一种难以理解的内心阻力,但不是在文字中,而是在地毯下,埋起来,并尽量不看见他们。

理解别人对我们的期望,意识到我们无法符合别人的需求,我们承认我们有权利不符合别人的期望,并决定如何应对——改变现状或改变我们自己。

把消极的情绪从阴影中释放出来，给这些情绪表达的空间。一旦你发现有什么东西在悄悄吞噬你，你可以尝试破坏你完美的自我形象，这样你会变得更坚强。

017 "我不知道"

如果你没有问题的答案,那么不要害怕回答"我不知道"。无论是谁——领导、伴侣、母亲、孩子或者是马路上的行人问你,都不重要。不要试图表现得"有趣而足智多谋"——你真的有权不知道一些事情。世界不会因为你让他失望而静止不动(你怎么能让他失望呢?它是指望你的!)请允许自己今天不要为自己的专业、最佳父母和年度最佳员工而战。让自己"不知道"——用"我不知道"这个词来安慰自己。你明天可以上网搜索。

关键是要确保你不知道的世界不会因为你的无知而毁灭,你不需要用你的力量去建立一个对所有事情都有答案的人的名声,这是沉重的负担。

018　我身体的故事

今天，我建议你更好地了解你的身体。

感恩、敬畏或兴奋不一定是必要的（它们可能在一天结束时出现，但不要模仿它们，练习不是这样的）。今天试着不去评价或谴责你的身体，只去逐字逐句地阅读，并在每句话的结尾加上"一切都是我的"。

"这是剖腹产留下的疤痕，它的上边是胃。"一切都是我的。这是童年时接种留下的疤，这是周五在桌子角落被击中的瘀伤。一切都是我的。这是白头发。这是皱纹。这是怀孕以后的妊娠纹。一切都是我的。这是手指上的骨节，这是新鞋磨出的水泡。这些是凸出的静脉。一切都是我的。

不要谈论额外的体重或"不饱满"的嘴唇——这已经是评价了。这只是嘴唇，也许是上嘴唇比下嘴唇饱满一点。不要比较自己，不要评价自己，不要评判自己——从一个胎记到另一个胎记，不要忽略"无聊"之处。不要勉强自己感受或接受自己。你可以不接受它，你也不会因为这个变得更糟糕，重要的是去读它。记住你的身体是从哪里来的；提醒自己，这就是你身体的故事；请记住：一切都是你的。

进入你自己的身体世界。我们不是游离的存在——我们有身体,身体有故事。

019 我很失望……

把今天的时间花在列出最近或100年前让你失望的事情上。人、行为、电影、书、食物、公众人物，是什么话促使你放弃了一个人？让别人称赞的饭店哪里不好？和谁交谈变得让你不高兴了？

允许自己放弃"这个我好像不理解"的想法。你真的有权利在别人兴奋激动的点上无动于衷。这是正常的。

承认自己有权利改变自己的想法和第一印象,而不害怕显得前后矛盾或反复无常。

020　我的渴望

这一天是去意识你渴望什么。不是身体上的，而是精神上的渴望。你渴望什么？笑到肚子疼？什么日子是一个只能属于自己的日子？是渴望在一个黑暗的小酒吧里和朋友谈心？还是渴望拥抱？是渴望说出"我想有你"这个词？我哭得太大声了吗？渴望激情的丑闻？激励的教育？还是渴望旅行？或者是那些直到最后一页才出版的好书？或者是渴望感受金融安全？列出你的"渴望清单"。嫉妒可以帮助定义渴望。你可能不嫉妒某件事或某个人的运气，而是他们那些运气背后的感受。

了解你的渴望,你知道你在寻找什么"食粮",这取决于你是去爱、自我实现,还是仅限于看看。

021　我的印第安名字

不久前，我爸爸告诉我，我是怎么叫奥莉亚这个名字的。

"我本来打算叫你纳斯加，但当我填表格时，模板上写着'奥莉亚'。我这样想的：'嗯，奥莉亚是个好名字……'"也许我是一个很好的例子。

今天的任务是考虑如果你出生在一个遥远的印度部落，你的名字会是什么。它必须是诗意的、象征性的、不落俗套的。你想说多少就说多少。例如，"梦想就像静止的时钟"或"哼着森林气息的风"。听你自己的，让幻想自由。

成功了吗？想象一下，如果你的孩子和孙子们听到的关于你的故事——听到了你这样的一个女人能做什么，你的名字和其他名字不一样，你身上的魔力……

如果你对印第安主题不感兴趣，那试试下边这个。想象一下，所有像你这类的女人都坐在一堆温暖的篝火后面，每个人轮流说一个字，或者关于自己只说一句话。她以："我……这个……"开头，你该如何继续她的话？

这个练习可以帮助确定你目前的任务,并在当下找到更大的意义。

022　力量地

今天的任务是想象你自己的力量之地,你自己的私人世界,在那里你可以闭上眼睛去充实,去恢复。沉浸于你想象的画面,你以一种惊人的方式丰富了你的感官体验,归来时精神矍铄,内心平静,充满了光明,就像上帝赤脚走过一样。好像身体真的能感觉到一切——鼻子在呼吸,耳朵在听,手指在摸,眼睛在看——闻到了草莓的味道,听到水花溅起,触摸到了白色粗糙的石头,看到了摩洛哥瓷砖的花纹。这是真实的,即使它从未发生过。

那么,力量地是什么地方?它长什么样?你听到了什么声音,空气中弥漫着什么香味?

你为什么喜欢那里?

你不需要把想象的画面和现实生活进行比较,再去为了现实而难过。你现在的一切都很正常,这就是它的样子。某个时刻可能很枯燥、很无聊,但这个时刻不是错误的时刻。

如果你想感受别的东西,那就想象它是别的东西,感受它,让你的动作变得清晰。

023　自己的圈子

你喜欢什么样的人，你喜欢什么样的外表、举止或语言？

也许你喜欢的人在社会地位或背景中和你有相似之处？

他们哪里吸引了你，让你对他与众不同？

你会很快认出谁是你那个圈子的人，你和谁会相处得很好，你会想把谁留在你的圈子里，如果不能永远留下，那么越久越好？想想你们"这群人"是由什么组成的。记住这些人是如何进入你的生活的，为什么你珍惜你们的关系，最重要的是，你们所做的就是滋养和发展这些关系。

关键是要意识到，如果你的圈子里有这么了不起的人，那么你就拥有了别人喜欢你的品质。这些非常鼓舞人心。

024 以我为名的广播站

如果只有你一个人在广播里，会发生什么？

想象一下，如果你在厨房或车里打开收音机，任何听起来像调频的东西都是专门为你设计的。

他们会放什么音乐？会有主持人吗？他们会怎么说？用什么样的嗓音？天气预报会是什么样？电视上会播放什么？最新的梦？来自过去的人的问候？关于你认识的人的有趣谣言？励志名言？

弄清楚你现在需要什么，需要什么样的快乐、什么样的新闻，只要知道你想要什么，你就能想办法给自己。

025　光荣榜

今天的任务是在你的电脑里建一个文件夹,你可以把所有你在邮件中读到或收到的关于你自己的好话都记录下来。只要你的工作得到了积极的评价——就记录进去,记录任何赞美你的文本、感谢你的文本、表扬你的文本(即使这是一个表达了极度兴奋和发自内心的话语的不成文的词)。

列出支持你的话,当一切似乎都错了,生活一团糟的时候,再把这些话当做一个机会来阻止生活变糟。

养成一种习惯，在人们怀疑自己和失望的时候，定期补充一句好话。你的生活不只是糟糕的一天。

026　种子

现在就种点什么吧。如果户外是春天或夏天,就买些种子,撒到户外的土地上。要是户外很冷,可以种些芝麻菜盆栽,或者把柠檬的种子压入种着无花果的盆中,或者是种下橙子、油梨或苹果。

种什么、哪里种,这些完全不重要,可以是栗子、松果子,甚至是荞麦!重要的是,当你给了某些东西一个继续存活、生长、看到阳光的机会时,你能感受到那种无法言喻的魔法瞬间。

到从地里长出来的绿油油、柔软的东西时，所有这一切都要归功于你！

027 都是没用的,蠢货!

在马拉松式实践上这一步任务是把一些不需要的东西送出去,赋予物品一个新的生命。感受到呼吸变得轻松,空间被释放出来——即使只是微不足道的一点点,但也是有作用的。这一任务的意义不在于扔掉的数量,而在于这一举动的象征性:哪怕只整理出一件你不需要的东西,你都已经成长了,这件物品对你来说已经不再有价值了。

请用任意一种你方便的方式。实践表明,好东西很快就能找到新的、懂得感恩的主人。

为新东西腾出空间,并为物品带来第二次生命(给某些人带来快乐)。

028　一年中的 2 月 29 日

想象一下，假如你有一整年可以做任何想做的事情，不用担心钱的问题，你卡里有的是钱。护照上有一年的签证可以去世界上任何一个国家，而且所有这些甚至不限制次数，你有一年额外的时间，它不会对你的职业生涯或者重要的关系产生任何影响。

你会做什么呢？会去哪里？会给自己买些什么？会去尝试什么样的冒险？（答案"我会在家呆一整年，睡觉"也是可以的）。

你也可以想象有其他人参与，但当这一年结束时，只有你会记得发生了什么。

这种情况下，你会做什么呢？

认识你的真实需求和愿望。

029 "我相信你"

今天来锻炼你的自信。如果你今天一开始怀疑自己的能力或判断,那就请对自己说:"一切都好,我相信你"。请让这成为你对自己本质的呼吁,它位于你内心深处,知道所有答案。

请在今天感受一下同自己的信任共振。要相信你是在正确的时间、以最佳方式做着对的一切。感受这种深深的放松感:无需回望着、精打细算或向四面八方张望。"一切都好,(叫出自己的名字),我相信你"。

握住自己的手,感受相信自己有多棒。

030 "如果把你的心种在地里,会长出什么?"

这个问题我在卡伦·本克(Karen Benke)关于写作创意的书中看到过,从那以后我喜欢在与人们交谈时提出这个问题。在马拉松式实践的倒数第二天,请尝试回答这个问题吧。

我相信,这将是很美妙的。

更好地理解你在这个世界上存在的意义。

031　总结：对自己许诺

马拉松式实践的最后一个任务是：尝试总结在这一过程中发现的关于自己的新事物，在这段时间，你对自己的态度是否发生了变化？发生了怎样的变化？你从这个马拉松中得到的哪些东西将用于将来？你将对自己许下什么承诺？

请送给自己一件有纪念意义的东西（例如胸针、手链、钥匙扣、杯子、陶瓷小雕像等，什么都可以），每次看到它时，你会想起，曾经练习过如何温柔对待自己——以便不要忘记以后多多这样温柔对待自己。

即便不是在这样的马拉松中，也要温柔对待自己。

尽可能经常地这样做。

当第一缕光线刺破黑暗,

就像是它在皮肤上留下了痕迹。

如果仔细凝望发出声响的地方,

可以看到,那里无边无际。

上帝不断传递美丽,

通过音节传达答案:

应当在某些时候放空自己,

让自己被最纯洁的光芒填满。

——克谢尼娅·捷卢多娃

温馨提示

我非常希望这本书能够帮助那些习惯于更多地依赖周围人的意见和评价,而不是自己的意见和评价、难以接受可以相信自己的想法的你们,希望它能够激励你们同自己建立健康的关系——充满尊重、向世界展示自己的勇气,真诚地相信自己的"好",相信自己是正常的。

但是,所有这一切都有一个前提,即你的心理健康状况目前并没有引起问题。我最不想的就是无意中让自己的书成了支持"转换一下思维,一切都会变好"这样看似积极,但却有害的刻板印象——尤其是在某些情况下,人们的困难并不在于"转换思维"方面。思维误区和身体化学失衡是两码事,其影响的严重程度也是不同的。

如果你有抑郁症或其他精神或发育障碍(双向情感障碍、强迫症、神经衰弱、恐惧症、酒精或药物成瘾、孤独性障碍等),这需要医生诊断治疗帮助。在这方面温柔对待自己就是要接受事实,也就是你不太好,需要帮助,这没有什么可耻的,如果你手受伤了,那即便你再聪明,也不可能自己缝合伤口。

咨询心理医生或心理治疗师已成为一种常见做法。如今接受心理治疗的人会受到尊重,而不是让人吃惊或者嫉妒——因为他们可以听到自己的声音、自己的需求,并不再孤单地面对令人不安的情况。请记住:你面临的问题不是昨天才出现的,它们并不像你想象的那么独一无二,让你以为自己站在一片光秃秃的田野里,方圆数英里内都没有一盏灯。你不是孤身一人。

现在让你感觉似乎无法克服的问题,实际上是有解决办法的。有工具可用——去找那些知道如何使用这些工具的人。你不必独自与黑暗作斗争——专家们有火柴、手电筒、火把和灯塔来帮你。

请照顾好自己——如果感觉力量不足,就不要孤军奋斗。